湖北省装配式建筑设计质量控制技术指南

主　编　邢　刚
副主编　万莉军　胡喆明　李　韦　刘晓锋
参　编　胡钢亮　查　旭　万　超　尹　萌
　　　　李　斌　秦　文

武汉大学资产经营投资管理有限责任公司
中工武大设计集团有限公司　组织编写
武汉建工科研设计有限公司

图书在版编目(CIP)数据

湖北省装配式建筑设计质量控制技术指南/邢刚主编.—武汉：武汉大学出版社,2024.7

ISBN 978-7-307-24425-2

Ⅰ.湖… Ⅱ.邢… Ⅲ.装配式构件—建筑设计—质量控制—指南 Ⅳ.TU3-62

中国国家版本馆 CIP 数据核字(2024)第 109085 号

责任编辑:任仕元　　责任校对:鄢春梅　　版式设计:韩闻锦

出版发行：**武汉大学出版社**　（430072　武昌　珞珈山）

（电子邮箱：cbs22@ whu.edu.cn　网址：www.wdp. com.cn）

印刷:武汉邮科印务有限公司

开本:720×1000　1/16　印张:9.25　字数:138 千字　插页:1

版次:2024 年 7 月第 1 版　2024 年 7 月第 1 次印刷

ISBN 978-7-307-24425-2　定价:32.00 元

前　言

自2016年9月国务院办公厅《关于大力发展装配式建筑的指导意见》(国办发〔2016〕71号)发布以来，装配式建筑逐渐正式推广开来。大力发展装配式建筑，是坚持走标准化设计、工厂化生产、装配化施工、一体化装修、信息化管理、智能化应用的建筑产业转型升级之路。在国家大力推广装配式建筑的大背景下，各省市也抓紧制定了一些装配式建筑发展目标和细则，建筑业转型升级迎来了重大机遇，国家和地方政府相继出台了一系列相关鼓励政策和行业、地方技术标准规范。

装配式建筑设计阶段在装配式建筑工程项目建设中扮演着极其重要的角色，装配式建筑设计是装配式建筑产业化流程中最重要的一环。装配式建筑标准化设计决定了项目的工厂化生产、装配化施工、一体化装修、信息化管理、智能化应用的顺利实施。装配式建筑设计应从基础理论、顶层设计、产业链整合和技术创新多方面深入研究，这就需要从事装配式建筑设计的专业技术人员具备较高的专业技术水平和能力。但目前，我国建筑工业化专业技术人才缺口很大，高等院校对于建筑工业化发展所需要的后备人才的培养还显不足。为了进一步加快装配式建筑技术人才的培养和完善，笔者结合一些实际参与装配式建筑项目设计的经验，通过调查、学习和研究，广泛征集意见，也参考一些其他省、市和地区的经验与做法，总结出这一套装配式建筑设计质量控制技术指南，供对装配式建筑有兴趣的同仁学习参考。

因各省市地方关于装配式建筑的政策和标准不尽一致，本指南着重以湖北省武汉市的政策为主，适用于武汉市及湖北省内其他地市，对于其他省份仅供参考。由于装配式建筑发展迅速，新技术、新工艺、新产品、新理念等不断更新，加之时间紧迫和编者技术水平有限，本指南中难免有不妥或遗漏之处，敬请各位同仁批评指正。

目　录

第1章 基本要求

1.1 装配式建筑设计基本规定

(1)装配式混凝土建筑的设计应符合建筑全寿命周期的可持续性原则，并满足标准化设计、工厂化生产、装配化施工、一体化装修、信息化管理、智能化应用的要求。

(2)装配式混凝土建筑应合理地确定建筑单体的装配率，并根据装配率确定装配式建筑技术方案。

(3)装配率计算依据《装配式建筑评价标准》(GB/T 51129—2017)及本地区地方装配式建筑装配率计算规定。武汉市装配式建筑装配率的计算应按照《武汉市装配式建筑装配率计算细则(2023)》的有关要求执行，湖北省其他地市依据湖北省地方标准《装配式建筑评价标准》(DB42/T 2179—2024)执行。

(4)自然规划管理部门应按照建设单位提供的规划设计方案楼层平面图建筑外墙预制部分的范围和水平投影面积，以单体建筑为计算单元，落实外墙预制部分水平投影面积(不超过装配式建筑单体±0以上建筑面积的3%)不计入成交地块的容积率核算政策，并在规划方案批准意见书和《建设工程规划许可证》中注明为“装配式建筑”。

(5)装配式建筑可按技术复杂类工程项目招投标，原则上采用工程总承包模式进行建设。采用工程总承包模式进行建设的装配式建筑企业应当执行《建设项目工程总承包管理规范》(GB/T 50358—2017)等。

(6)建设单位在申请项目立项时，应提交符合装配式建筑建设要求的说明，对政府投资项目和独立成栋的保障性住房项目应增加装配式建筑技术经济分析的内容。建设单位在申请装配式建筑项目规划许可时，应以单体建筑为计算单元，向自然规划管理部门提交规划设计方案楼层平面图外墙预制部分的范围和水平投影面积、装配式建筑装配率计算书。建设单位应按照《混凝土结构工程施工质量验收规范》(GB 50204—2015)、《装配式混凝土结构工程施工与质量验收规程》(DB42/T 1225—2016)等相关标准规范，组织装配式建筑竣工验收，核实装配率指标，编制装配式建筑装配率自评价报告作为竣工验收资料，并将竣工验收信息报送市、区建设管理部门。

(7)设计单位应按照装配式建筑标准规范、规划方案批准意见书中批复的楼层平面外墙装配式部分建筑面积和装配式建筑主要指标要求进行设计，应有装配式设计专篇，专篇中应明确装配式建筑的结构体系、预制装配率、预制部品部件品种和规格、主要结构部品部件的连接方式等内容，其设计深度应符合现行《建筑工程设计文件编制深度规定(2016版)》的规定，做好装配式建筑专项技术交底工作，并于工程验收前出具装配式建筑装配率指标验收评价意见。设计单位应优先使用建筑信息模型(BIM)进行设计。

(8)施工图审查提交的设计资料包括：设计施工图纸、装配式建筑技术方案、装配式建筑施工图设计文件技术审查信息表。审图公司应对项目装配率进行审查。

(9)装配式建筑装配率、装配式建筑外墙的设计变更需取得施工许可审批部门批准，并报原施工图审查机构审查，其变更后的设计不得降低原审查通过的装配率指标和楼层平面建筑外墙装配式部分面积，并将修改后的设计文件报送自然规划管理部门、建设管理部门审查。审查不合格的，其变更设计审查不得予以通过。

(10)装配式混凝土建筑的深化设计应由具有相应设计资质的单位完成，深化设计图纸经施工图设计单位确认后，方可用于生产。装配式建筑预制构件生产企业应当具备相应的生产工艺设备、试验检测条件和完善的质量管理体系，保证产品质量。预制构件应在显著位置进行唯一性信息标识，并提供出厂合格证和使用说明书。

1.2　装配式建筑设计相关政策及行业标准

1.2.1　国家装配式建筑主要政策文件目录汇编

序号	国家装配式建筑主要政策文件名	文　号
1	中共中央、国务院《关于进一步加强城市规划建设管理工作的若干意见》	中发〔2016〕6号
2	国务院办公厅《关于大力发展装配式建筑的指导意见》	国办发〔2016〕71号
3	住房和城乡建设部《关于印发〈建筑工程设计文件编制深度规定(2016版)〉的通知》	建质函〔2016〕247号
4	住房和城乡建设部《关于印发〈装配式混凝土结构建筑工程施工图设计文件技术审查要点〉的通知》	建质函〔2016〕287号
5	国务院办公厅《关于促进建筑业持续健康发展的意见》	国办发〔2017〕19号
6	住房和城乡建设部《关于印发〈"十三五"装配式建筑行动方案〉〈装配式建筑示范城市管理办法〉〈装配式建筑产业基地管理办法〉的通知》	建科〔2016〕77号
7	住房和城乡建设部办公厅《关于印发〈贯彻落实城市安全发展意见实施方案〉的通知》	建办质〔2018〕58号
8	住房和城乡建设部《关于发布〈装配式混凝土建筑技术体系发展指南(居住建筑)〉的公告》	住建部公告2019年第180号
9	国务院办公厅转发住房和城乡建设部《关于〈完善质量保障体系提升建筑工程品质指导意见〉的通知》	国办函〔2019〕92号
10	住房和城乡建设部等部门《关于推动智能建造与建筑工业化协同发展的指导意见》	建市〔2020〕60号
11	住房和城乡建设部等部门《关于加快新型建筑工业化发展的若干意见》	建标规〔2020〕8号
12	住房和城乡建设部办公厅《关于印发〈装配式钢结构模块建筑技术指南〉的通知》	建办标函〔2022〕209号
13	住房和城乡建设部《关于印发〈装配式建筑工程投资估算指标〉的通知》	建标〔2023〕46号

1.2.2 湖北省及武汉市装配式建筑主要政策文件目录汇编

序号	湖北省及武汉市装配式建筑主要政策文件名	文　号
1	湖北省人民政府《关于加快推进建筑产业现代化发展的意见》	鄂政发〔2016〕7号
2	湖北省人民政府办公厅《关于大力发展装配式建筑的实施意见》	鄂政办发〔2017〕17号
3	湖北省人民政府《关于印发〈湖北省城市建设绿色发展三年行动方案〉的通知》	鄂政发〔2017〕67号
4	关于印发《湖北建筑业发展"十三五"规划纲要》的通知	鄂建〔2017〕6号
5	湖北省人民政府《关于促进全省建筑业改革发展二十条意见》	鄂政发〔2018〕14号
6	关于印发《湖北省装配式建筑施工质量安全控制要点(试行)》的通知	鄂建办〔2018〕56号
7	关于印发《湖北省装配式建筑施工质量安全监管要点(试行)》的通知	鄂建办〔2018〕335号
8	关于印发《湖北省工程质量安全手册实施细则装配式建筑实体质量控制分册》的通知	鄂建办〔2020〕46号
9	关于印发《武汉市装配式建筑建设管理实施办法》的通知	武城建规〔2020〕1号
10	关于进一步加强民用建筑工程外墙保温系统应用管理的通知	市建设局2020年9月22日
11	关于印发《武汉市2021年发展装配式建筑工作要点》的通知	武建产〔2021〕1号
12	湖北省"十四五"建设科技发展指导意见	鄂建文〔2021〕48号
13	关于进一步加强外墙保温工程管理的通知	鄂建文〔2021〕47号
14	湖北省住房和城乡建设厅等部门《关于推动新型建筑工业化与智能建造发展的实施意见》	鄂建文〔2021〕34号
15	关于印发《湖北省房屋建筑和市政基础设施项目工程总承包管理实施办法》的通知	鄂建设规〔2021〕2号

续表

序号	湖北省及武汉市装配式建筑主要政策文件名	文　号
16	关于开展施工图 BIM 审查试点工作的通知	厅头〔2022〕740 号
17	关于印发《湖北省装配式建筑示范产业基地和示范项目管理办法》的通知	鄂建设规〔2022〕4 号
18	关于加快推动绿色金融支持绿色建筑产业发展的通知	鄂建文〔2022〕45 号
19	关于加强装配式建筑预制混凝土构件质量管理的通知	厅头〔2022〕2077 号
20	关于推动新型建筑工业化与智能建造协同发展的通知	武城建规〔2022〕2 号
21	关于印发《武汉市建筑节能与绿色建筑"十四五"发展规划》《武汉市装配式建筑"十四五"发展规划》《武汉市新型墙体材料及预拌混凝土"十四五"发展规划》的通知	武城建〔2022〕2 号
22	关于印发《湖北省装配式建筑示范产业基地和示范项目管理办法》的通知	鄂建设规〔2022〕4 号
23	市城建局《关于印发〈武汉市装配式建筑装配率计算细则(2023)〉的通知》	武汉市城乡建设局 2023 年 1 月 1 日
24	关于《湖北省装配式混凝土结构住宅主要构件尺寸指南》《湖北省装配式预制混凝土建筑标准化构件库》的公示	湖北省住房和城乡建设厅公示〔2023〕1 号
25	关于印发《湖北省钢筋套筒灌浆连接施工工艺指南》的通知	厅头〔2023〕2556 号
26	关于印发《武汉市装配式混凝土结构质量验收指南(试行)》的通知	武汉市城乡建设局 2024 年 3 月 13 日

1.2.3　国家关于装配式混凝土结构的主要规范和标准目录汇编

序号	装配式混凝土结构标准、规范名称	标准编号
1	装配箱混凝土空心楼盖结构技术规程	JGJ/T 207—2010
2	预制预应力混凝土装配整体式框架结构技术规程	JGJ 224—2010
3	钢筋锚固板应用技术规程	JGJ 256—2011
4	预制带肋底板混凝土叠合楼板技术规程	JGJ/T 258—2011
5	轻型钢丝网架聚苯板混凝土构件应用技术规程	JGJ/T 269—2012

续表

序号	装配式混凝土结构标准、规范名称	标准编号
6	钢筋机械连接用套筒	JG/T 163—2013
7	装配式混凝土结构技术规程	JGJ 1—2014
8	钢筋焊接网混凝土结构技术规程	JGJ 114—2014
9	装配式混凝土建筑技术标准	GB/T 51231—2016
10	装配式钢结构建筑技术标准	GB/T 51232—2016
11	装配式木结构建筑技术标准	GB/T 51233—2016
12	预应力混凝土异型预制桩技术规程	JGJ/T 405—2017
13	装配式住宅建筑设计标准	JGJ/T 398—2017
14	装配式劲性柱混合梁框架结构技术规程	JGJ/T400—2017
15	玻璃纤维增强水泥(GRC)建筑应用技术标准	JGJ/T 423—2018
16	装配式环筋扣合锚接混凝土剪力墙结构技术标准	JGJ/T 430—2018
17	预制混凝土外挂墙板应用技术标准	JGJ/T 458—2018
18	预制混凝土楼梯	JG/T 562—2018
19	工厂预制混凝土构件质量管理标准	JG/T 565—2018
20	钢筋连接用灌浆套筒	JG/T 398—2019
21	钢筋连接用套筒灌浆料	JG/T 408—2019
22	雷达法检测混凝土结构技术标准	JGJ/T 456—2019
23	钢骨架轻型预制板应用技术标准	JGJ/T 457—2019
24	装配式住宅建筑检测技术标准	JGJ/T 485—2019
25	装配式建筑预制混凝土夹心保温墙板	JC/T 2504—2019
26	轻板结构技术标准	JGJ/T 486—2020
27	装配式建筑用墙板技术要求	JG/T 578—2021
28	建筑装配式集成墙面	JG/T 579—2021
29	装配式混凝土建筑用预制部品通用技术条件	GB/T 40399—2021
30	装配式混凝土幕墙板技术条件	GB/T 40715—2021

1.2.4　国家关于装配式钢结构的主要规范和标准目录汇编

序号	装配式钢结构主要标准、规范名称	标准编号
1	钢塔桅结构设计规范	GY 5001—2004
2	钢结构住宅设计规范	CECS 261—2009
3	钢结构现场检测技术标准	GB/T 50621—2010
4	轻型钢结构住宅技术规程	JGJ 209—2010
5	拱形钢结构技术规程	JGJ/T 249—2011
6	钢筋锚固板应用技术规程	JGJ 256—2011
7	轻型钢丝网架聚苯板混凝土构件应用技术规程	JGJ/T 269—2012
8	钢结构防护涂装通用技术条件	GB/T 28699—2012
9	压型金属板工程应用技术规范	GB 50896—2013
10	交错桁架钢结构设计规程	JGJ/T 329—2015
11	装配式钢结构建筑技术标准	GB/T 51232—2016
12	冷弯薄壁型钢多层住宅技术标准	JGJ/T 421—2018
13	钢结构加固设计标准	GB 51367—2019
14	钢骨架轻型预制板应用技术标准	JGJ/T 457—2019
15	轻型模块化钢结构组合房屋技术标准	JGJ/T 466—2019
16	装配式钢结构住宅建筑技术标准	JGJ/T 469—2019
17	钢管约束混凝土结构技术标准	JGJ/T 471—2019
18	高强钢结构设计标准	JGJ/T 483—2020
19	钢结构通用规范	GB 55006—2021

1.2.5　国家关于装配式木结构的主要规范和标准目录汇编

序号	装配式木结构标准、规范名称	标准编号
1	胶合木结构技术规范	GB/T 50708—2012
2	木结构试验方法标准	GB/T 50329—2012

续表

序号	装配式木结构标准、规范名称	标准编号
3	轻型木桁架技术规范	JGJ/T 265—2012
4	木结构工程施工规范	GB/T 50772—2012
5	木结构工程施工质量验收规范	GB 50206—2012
6	木结构防护木蜡油	JG/T 434—2014
7	装配式木结构建筑技术标准	GB/T 51233—2016
8	木结构设计标准	GB 50005—2017
9	多高层木结构建筑技术标准	GB/T 51226—2017
10	标准化木结构节点技术规程	T/CECS 659—2020
11	古建筑木结构检测技术标准	T/CECS 714—2020
12	木结构现场检测技术标准	JGJ/T 488—2020
13	工业化木结构构件质量控制标准	T/CECS 658—2020
14	木结构通用规范	GB 55005—2021
15	木结构防火设计标准	T/CECS 1104—2022

1.2.6 行业协会装配式建筑主要规范标准目录汇编

序号	行业协会装配式建筑主要标准、规范名称	标准编号
1	整体预应力装配式板柱结构技术规程	CECS 52—2010
2	组合楼板设计与施工规范	CECS 273—2010
3	波浪腹板钢结构应用技术规程	CECS 290—2011
4	波纹腹板钢结构技术规程	CECS 291—2011
5	实心与空心钢管混凝土结构技术规程	CECS 254—2012
6	钢筋机械连接装配式混凝土结构技术规程	CECS 444—2016
7	纤维增强覆面木基结构装配式房屋技术规程	T/CECS 495—2017
8	装配复合模壳体系混凝土剪力墙结构技术规程	T/CECS 522—2018
9	钢结构模块建筑技术规程	T/CECS 507—2018
10	钢管混凝土叠合柱结构技术规程	T/CECS 188—2019

续表

序号	行业协会装配式建筑主要标准、规范名称	标准编号
11	模块化装配整体式建筑设计规程	T/CECS 575—2019
12	模块化装配整体式建筑隔震减震技术标准	T/CECS 576—2019
13	模块化装配整体式建筑施工及验收标准	T/CECS 577—2019
14	装配整体式钢筋焊接网叠合混凝土结构技术规程	T/CECS 579—2019
15	村镇装配式承重复合墙结构居住建筑设计标准	T/CECS 580—2019
16	分层装配支撑钢框架房屋技术规程	T/CECS 598—2019
17	装配式多层混凝土结构技术规程	T/CECS 604—2019
18	装配式建筑密封胶应用技术规程	T/CECS 655—2019
19	预制混凝土构件质量检验标准	T/CECS 631—2019
20	箱式钢结构集成模块建筑技术规程	T/CECS 641—2019
21	装配式钢制波纹管综合管廊工程技术规程	T/CCIAT 0012—2019
22	装配式建筑部品部件分类和编码标准	T/CCES 14—2020
23	装配式混凝土结构套筒灌浆质量检测技术规程	T/CECS 683—2020
24	波纹钢板组合框架结构技术规程	T/CECS 709—2020
25	钢管桁架预应力混凝土叠合板技术规程	T/CECS 722—2020
26	装配式混凝土结构超低能耗居住建筑技术规程	T/CECS 742—2020
27	预制混凝土外墙防水工程技术规程	T/CECS 777—2020
28	纵肋叠合混凝土剪力墙结构技术规程	T/CECS 793—2020
29	角部连接装配式轻体板房屋用墙板和楼板	T/CECS 10092—2020
30	装配式预涂无机饰面板	T/CECS 10096—2020
31	装配式混凝土建筑预制构件设计深度规程	T/CSPSTC 50—2020
32	装配式多层混凝土墙板建筑技术规程	T/CCES 23—2021
33	装配式混凝土框架节点与连接设计标准	T/CECS 43—2021
34	竖向分布钢筋不连接装配整体式混凝土剪力墙结构技术规程	T/CECS 795—2021
35	装配式混凝土建筑工程总承包管理标准	T/CECS 841—2021
36	装配式空心板叠合剪力墙结构技术规程	T/CECS 915—2021
37	装配式医院建筑设计标准	T/CECS 920—2021

续表

序号	行业协会装配式建筑主要标准、规范名称	标准编号
38	装配式基坑支护技术标准	T/CECS 937—2021
39	预制混凝土外墙接缝密封防水技术标准	T/HPBA 1—2021
40	螺栓连接装配式混凝土墙板结构房屋技术标准	T/CBMCA 021—2021
41	装配式建筑企业质量管理标准	T/CECS 1017—2022
42	装配式室内墙面系统应用技术规程	T/CECS 1018—2022
43	烧结淤泥多孔砖预制装配式自保温墙体技术规程	T/CECS 1023—2022
44	装配式建筑工程总承包管理标准	T/CECS 1052—2022
45	装配式低层住宅轻钢组合结构技术规程	T/CECS 1060—2022
46	装配式建筑绿色建造评价标准	T/CECS 1075—2022
47	装配式建筑给水排水管道工程技术规程	T/CECS 1091—2022
48	装配式组合连接混凝土剪力墙结构技术规程	T/CECS 1133—2022
49	装配式建筑预制混凝土构件产品信息模型数据标准	T/CECS 1139—2022
50	装配式轻质混凝土围护墙板应用技术规程	T/CECS 1170—2022
51	装配式钢丝网片增强轻质隔墙系统技术规程	T/CECS 1177—2022
52	装配式混凝土结构检测标准	T/CECS 1189—2022
53	装配式混凝土结构钢筋错位连接技术规程	T/CECS 1222—2022
54	装配式建筑用密封胶	T/CECS 10185—2022
55	装配式多层混凝土空心墙板结构技术规程	T/CECS 1238—2023
56	低能耗集成装配式多层房屋技术规程	T/CECS 1256—2023
57	装配式内装修工程室内环境污染控制技术规程	T/CECS 1265—2023
58	装配式地面辐射供暖供冷系统技术规程	T/CECS 1274—2023
59	机电工程装配式支吊架安装及验收规程	T/CECS 1280—2023
60	预制单元装配式混凝土框架结构技术规程	T/CECS1304—2023
61	带暗框架的装配式混凝土剪力墙结构技术规程	T/CECS 1305—2023
62	装配式内装修工程管理标准	T/CECS 1310—2023
63	装配式复合土钉墙支护结构技术规程	T/CECS 1329—2023

续表

序号	行业协会装配式建筑主要标准、规范名称	标准编号
64	装配式叠合混凝土结构技术规程	T/CECS 1336—2023
65	装配式钢结构公共厕所技术规程	T/CECS 1338—2023
66	装配式建筑预制混凝土构件模台、模具及附件	T/CCMA 0144—2023
67	变阶预制混凝土板	T/CECS 10286—2023
68	装配式钢节点混合框架结构技术规程	T/CECS 1354—2023
69	装配式室内地面系统技术规程	T/CECS 1415—2023
70	装配式高层钢—混凝土混合结构技术规程	T/CECS 1487—2023
71	装配式钢筋桁架薄型混凝土楼承板应用技术规程	T/CECS 1534—2024
72	超高性能混凝土肋装配式楼板应用技术规程	T/CECS 1538—2024

1.2.7 湖北省装配式建筑主要标准、规范目录汇编

序号	湖北省装配式标准、规范名称	标准编号
1	预制混凝土构件拼装塔机基础技术规程	DB42/T 927—2013
2	装配整体式混凝土剪力墙结构技术规程	DB42/T 1044—2015
3	装配式叠合楼盖钢结构建筑技术规程	DB42/T 1093—2015
4	湖北省高性能蒸压砂加气混凝土砌块墙体自保温系统应用技术规程	DB42/T 743—2016
5	装配式建筑施工现场安全技术规程	DB42/T 1233—2016
6	预制混凝土构件质量检验标准	DB42/T 1224—2016
7	装配式混凝土结构工程施工与质量验收规程	DB42/T 1225—2016
8	装配整体式混凝土叠合剪力墙结构技术规程	DB42/T 1483—2018
9	装配整体式叠合剪力墙结构施工及质量验收规程	DB42/T 1729—2021
10	装配式混凝土建筑设计深度技术规程	DB42/T 1863—2022
11	预制装配式城市综合管廊工程技术规程	DB42/T 1889—2022
12	装配式混凝土结构工程施工工艺技术规程	DB42/T 2160—2023
13	装配式建筑评价标准	DB42/T 2179—2024

1.2.8 装配式建筑主要图集目录汇编

序号	装配式建筑图集名称	图集编号	备注
1	预应力混凝土叠合板(50mm、60mm 实心底板)	06SG439-1	
2	内隔墙-轻质条板(一)	10J113-1	
3	蒸压加气混凝土砌块板材构造	13J104	
4	预制清水混凝土看台板	13SG364	
5	钢构轻强板	14CJ56、14CG15	参考图
6	预制带肋底板混凝土叠合楼板	14G443	
7	装配式混凝土结构表示方法及示例(剪力墙结构)	15G107-1	
8	装配式混凝土结构连接节点构造(楼盖结构和楼梯)	15G310-1	
9	装配式混凝土结构连接节点构造(剪力墙结构)	15G310-2	
10	预制混凝土剪力墙外墙板	15G365-1	
11	预制混凝土剪力墙内墙板	15G365-2	
12	桁架钢筋混凝土叠合板(60mm 厚底板)	15G366-1	
13	预制钢筋混凝土板式楼梯	15G367-1	
14	预制钢筋混凝土阳台板、空调板及女儿墙	15G368-1	
15	装配式混凝土结构住宅建筑设计示例(剪力墙结构)	15J939-1	
16	预制混凝土外墙挂板	16J110-2，16G333	
17	《高层民用建筑钢结构技术规程》图示	16G108-7	
18	多、高层民用建筑钢结构节点构造详图	16G519	
19	装配式混凝土剪力墙结构住宅施工工艺图解	16G906	
20	装配式混凝土结构预制构件选用目录(一)	16G116-1	
21	《装配式混凝土预制构件选用目录(一)》(附册一)	16G116-1 附册一	
22	预制混凝土外墙挂板(一)	16J110-2 16G333	
23	装配式建筑系列标准应用实施指南(木结构建筑)	2016SSZN-MJG	
24	住宅内装工业化设计—整体收纳	17J509-1	
25	装配式管道支吊架(含抗震支吊架)	18R417-2	

续表

序号	装配式建筑图集名称	图集编号	备注
26	装配式砌块墙构造(一)	18CJ79-1、18CG40	参考图
27	《装配式住宅建筑设计标准》图示	18J820	
28	预应力混凝土双T板(坡板宽度2.4m、3.0m；平板宽度2.0m、2.4m、3.0m)	18G432-1	
29	装配式建筑蒸压加气混凝土板围护系统	19CJ85-1	参考图
30	装配式建筑电气设计与安装	20D804	
31	装配式混凝土结构连接节点构造(框架)	20G310-3	
32	预制钢筋混凝土楼梯(公共建筑)	20G367-2	
33	装配整体式混凝土叠合剪力墙结构构造	20ZG004	
34	建筑物抗震构造详图(多层和高层钢筋混凝土房屋)	20G329-1	
35	装配式钢结构住宅设计示例	22J910-5	
36	装配式膨石砌块内隔墙参考图集	22CG36	参考图
37	装配式混凝土建筑设计示例(三)	24G124-3	
38	装配式混凝土结构工程施工示例(一)	24G912-1	

第 2 章　装配式混凝土结构体系简述

2.1　装配式混凝土结构基本概念

2.1.1　建筑工业化与建筑产业化的区别和联系

建筑工业化通过现代化的制造、运输、安装和科学化管理的生产方式，来代替传统建筑业中分散的、低水平的、低效率的手工业生产方式。它的主要标志是建筑设计标准化、构配件生产工厂化、施工机械化和组织管理科学化。它逐步采用现代科学技术新成果，以提高工程质量品质、提高劳动生产率、加快建设速度、降低工程成本、减少人工劳动力、节能环保为核心目标。

“五化一体”是实现建筑工业化必由之路，即设计标准化、生产工厂化、施工装配化、装修一体化、管理信息化，其中施工装配化是建筑工业化的核心。

1962 年 9 月 9 日建筑学家梁思成在《人民日报》上发表的《从拖泥带水到干净利索》一文中写道：“要大量、高速地建造就必须利用机械施工；要机械施工就必须使建造装配化；要建造装配化就必须将构件在工厂预制；要预制就必须使构件的类型、规格尽可能少，并且要规格统一，趋向标准化。因此标准化就成了大规模、高速度建造的前提。”他曾畅想：“在将来大规模建设中尽可能早日实现建筑工业化。那时候，我们的建筑工作就不要再拖泥带水了。”

建筑产业化是整个建筑产业链的产业化，把建筑工业化向前端的产品开发、下游的建筑材料、建筑能源甚至建筑产品的销售延伸，是整个建筑行业在产业链条内资源的更优化配置。通俗地说就是以绿色发展为理念，以新型建筑工业化为核心，广泛运用信息技术和现代化管理模式，将房屋建造的全过程连接为完整的一体化产业链，实现传统生产方式向现代工业化生产方式转变，从而全面提高建筑工程的效率、效益和质量。

如果说建筑工业化强调技术的主导作用，建筑产业化则增加了技术与经济和市场的结合。建筑产业化的核心是建筑生产工业化。

两者的区别就是：建筑产业化是整个建筑产业链的产业化，建筑工业化是指生产方式的工业化。

两者的联系就是：建筑工业化是建筑产业化的基础和前提，只有工业化达到一定的程度，才能实现建筑产业现代化。由于产业化的内涵和外延高于工业化，建筑工业化主要是建筑生产方式上由传统方式向社会化大生产方式的转变，而建筑产业化则是从整个建筑行业在产业链条内资源的更优化配置方面理解，建筑产业化是建筑工业化的目标，而建筑工业化是实现建筑产业化的手段和基础。

2.1.2　装配式建筑的概念

装配式建筑是结构系统、外围护系统、设备与管线系统、内装系统的主要部分采用预制部品部件集成的建筑。通俗地说，就是把传统建造方式中的大量现场作业工作转移到工厂进行，在工厂加工制作好建筑用构件和配件(如楼板、墙板、楼梯、阳台等)，运输到建筑施工现场，通过可靠的连接方式在现场装配安装而成的建筑。装配式建筑有两个显著特征：第一个特征是构成装配式建筑的主要构件，尤其是结构主体构件是采用标准化的预制构件。采用非标准化预制构件虽然满足了预制要求，但是没有实现发展装配式建筑的理念。发展装配式建筑的目的是提高建筑工程质量、提高工程效率，资源循环利用、节能环保，减少资源浪费和污染。第二个特征是预制构件的连接方式必须可靠。常见的预制构件可靠的连接方式有钢筋套筒连接、钢筋浆锚搭接连接、焊接或者螺栓连接、钢筋机械连接等。

2.1.3 装配式混凝土结构的概念

装配式混凝土结构是将预制混凝土构件通过可靠的连接方式装配而成的混凝土结构，包括装配整体式混凝土结构、全装配式混凝土结构等。

装配整体式混凝土结构是将预制混凝土构件通过可靠的方式进行连接并与现场后浇混凝土、水泥基灌浆料形成整体的装配式混凝土结构。这种主要受力预制构件之间通过后浇混凝土和钢筋套筒灌浆连接等技术进行连接时，可足以保证装配式结构的整体性能，使其结构性能与现浇混凝土基本等同，此时的结构可以称其为装配整体式结构。

全装配式混凝土结构是装配式结构中的主要受力预制构件之间通过干式节点进行连接(如螺栓连接、焊接等)或较少采用现浇混凝土连接的装配式混凝土结构。

装配整体式结构和全装配式结构的一个主要差别在于抗侧力体系中预制构件之间采用的连接方式不同。现阶段我国主要采用的是装配整体式混凝土结构。从结构设计概念上来说，装配整体式混凝土结构通过预制构件和现浇混凝土相结合的结构措施，通过合理的构造措施，提高装配式结构的整体稳定性，实现装配式结构与现浇混凝土结构基本等同的思想。因此，现阶段的装配式结构仍然属于混凝土结构，装配式结构设计除了要满足《装配式混凝土结构技术规程》(JGJ1—2014)(以下简称"《装规》")和《装配式混凝土建筑技术标准》(GB/T 51231—2016)(以下简称"《装标》")，仍然要满足现行的《混凝土结构设计标准》(GB/T 50010—2010 2024年版)(以下简称"《混标》")、《建筑抗震设计标准》(GB/T 50011—2010 2024年版)(以下简称"《抗标》")、《高层建筑混凝土结构技术规程》(JGJ 3—2010)(以下简称"《高规》")等设计规范要求。

2.1.4 等同原理与等同现浇的概念

通过采用可靠的连接技术和必要的结构构造措施，使装配整体式混凝土结构与现浇混凝土结构的效能基本等同。

实现等同效能，结构构件的连接方式是根本。仅仅连接方式可靠还不能认为是等同效能，还必须对相关结构部位和构造做法做一些加强或调整，应用条件也会比现浇混凝土结构限制更加严格。等同原理不是一个严谨的科学原理，而是一个技术目标，目前梁柱结构体系大体上实现了这个目标，但是剪力墙结构体系距实现这个目标还有距离。因此，目前在建筑规范中作出最大适用高度降低、边缘构件现浇等规定，也表明在技术效果上尚未达到完全等同。

"等同现浇"是一个极具中国特色的、中国原创的非专业性的建筑词汇。"等同现浇"的工作原理，是通过钢筋之间的可靠连接(如"浆锚灌浆""钢筋搭接""灌浆套筒"等连接方式)，将预先浇筑构件(主要是指预制构件)与现浇部分有效连接起来，让整个装配式混凝土结构与现浇混凝土结构实现"等同"，满足建筑结构安全的要求。也就是说，在现阶段缺乏针对装配式结构体系特性的设计理论和方法的情况下，初步确定了"等同现浇"的技术路线。"等同现浇"就是用"现场浇筑混凝土"技术解决了"装配式建筑"的技术难题。

2.1.5 装配率与预制率的概念

装配率是指单体建筑室外地坪以上的主体结构、围护墙和内隔墙、装修和设备管线等采用预制部品部件的综合比例。例如，《武汉市装配式建筑装配率计算细则(2023)》中第4.0.1条明确有装配率计算公式：

$$P = \left(\frac{Q_1 + Q_2 + Q_3 + Q_4}{100 - Q_5}\right) \times 100\% + \frac{Q_6}{100} \times 100\%$$

式中：P——装配率；

Q_1——主体结构指标实际得分值；

Q_2——围护墙和内隔墙指标实际得分值；

Q_3——装修和设备管线指标实际得分值；

Q_4——设计标准化指标实际得分值；

Q_5——指标项目 Q_1、Q_2、Q_3、Q_4 中缺少的评价项分值总和；

Q_6——创新项指标实际得分值。

预制率是其他一些省市衡量装配式建筑性能的一个指标，例如：

(1)北京市预制率是指单体建筑在±0.000 标高以上，结构构件采用预制混凝土构件的混凝土用量占全部混凝土用量的体积比：

$$预制率 = \frac{V_1}{V_1 + V_2} \times 100\%$$

式中：V_1 为建筑±0.000 标高以上，结构构件采用预制混凝土构件的混凝土体积；

计入 V_1 计算的预制混凝土构件类型包括：剪力墙、延伸墙板、柱、支撑、梁、桁架、屋架、楼板、楼梯、阳台板、空调板、女儿墙、雨棚等；

V_2 为建筑±0.000 标高以上，结构构件采用现浇混凝土构件的混凝土体积。

(2)上海市预制率是指建筑单体±0.000 以上主体结构、外围护中预制构件部分的材料用量占对应结构材料用量的比率。

建筑单体预制率可按“体积占比法”和“权重系数法”两种方法进行计算。

方法一，体积占比法：

$$建筑单体预制率 = \frac{\sum 预制构件体积 \times 构件修正系数}{构件总体积} \times 100\%$$

方法二，权重系数法：

$$建筑单体预制率 = \sum [权重系数 \times \sum (构件修正系数 \times 预制构件比例)]$$

具体计算细则详见《上海市装配式建筑单体预制率和装配率计算细则》。

2.1.6　钢筋灌浆套筒连接与浆锚搭接的概念

(1)钢筋灌浆套筒是用于钢筋连接的一种金属材质圆筒，圆筒两端预留插孔，连接钢筋通过插孔插入套筒后，将专用的灌浆料灌入套筒内，充满套筒与钢筋之间的间隙，灌浆料硬化后与钢筋横肋和套筒内壁形成紧密啮合，并在钢筋和套筒之间有效传力，实现钢筋对接(图 2-1)。

钢筋套筒灌浆连接的工作原理是将需要连接的带肋钢筋插入金属套筒内

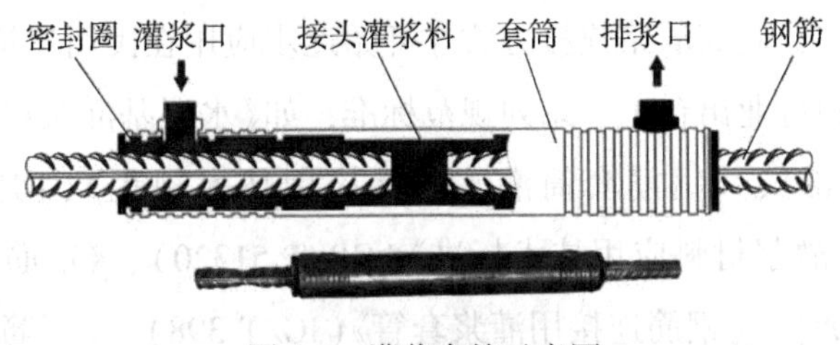

图 2-1　灌浆套筒示意图

“对接”，在套筒内注入高强早强且有微膨胀特性的灌浆料，灌浆料在套筒筒壁与钢筋之间形成较大的正向应力，在钢筋带肋的粗糙表面产生较大的摩擦力，由此得以传递钢筋的轴向力。

钢筋灌浆套筒分为全灌浆套筒和半灌浆套筒(图 2-2)。两端均采用套筒灌浆料连接的套筒为全灌浆套筒；一端采用套筒灌浆连接方式，另一端采用机械连接方式的套筒为半灌浆套筒。

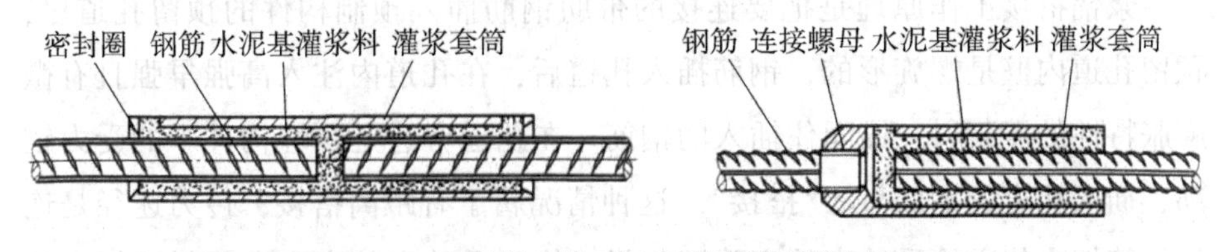

图 2-2　全灌浆套筒(左)和半灌浆套筒(右)

套筒灌浆连接方式是 1970 年美国人发明的建筑构件连接技术，至今已经有 40 多年的历史。套筒灌浆连接技术发明初期就在美国夏威夷一座 38 层建筑中应用，然后在欧洲美洲亚洲得到广泛应用。目前在日本应用最多，用于很多超高层建筑，最高建筑 200 多米高。日本的套筒灌浆连接的 PC 建筑经历过多次地震的考验。尽管灌浆套筒技术在国外应用较成熟，但在国内对于灌浆套筒连接的研究却还相对较落后，国内最早的应用也仅限于在海上构筑物和建筑物，如石油平台上。海上环境的特殊性(湿度大、腐蚀性强、海浪冲击的疲劳荷载等)使传统的钢结构连接形式不再适用，于是通过在内外套筒间的环形间隙中填充水泥浆等灌浆料的方式来连接内外两根直径不同的钢管，并通过凝固之后的内外套筒间的灌浆料的剪切强度来传递轴力。随着近年来装配式建筑的推广，套筒灌浆连接方式才开始逐步应用在民用建筑上。

目前国家和行业出台了一系列规范标准，如《水泥基灌浆材料应用技术规范》(GB/T 50448)、《钢筋套筒灌浆连接应用技术规程》(JGJ 355—2015)、《建设工程化学灌浆材料应用技术标准》(GB/T 51320)、《钢筋连接用套筒灌浆料》(JG/T 408)、《钢筋连接用灌浆套管》(JG/T 398)、《钢筋套筒灌浆连接施工技术规程》(CCIAT0004—2019-T)等。尽管国家出台了一系列技术规范和措施，但是由于装配式施工建造最近几年才推广起来，安装工人技术水平参差不齐，加上钢筋套筒连接构造复杂，属于隐蔽工程，灌浆质量实际控制难度大，实际工程实践中发现灌浆套筒仍然存在一些问题，如灌浆质量不符合标准、套筒连接钢筋锚固强度不足、套筒出浆口不出浆或灌浆不密实、套筒出浆口浆体回流等。

(2)浆锚搭接是指在预制混凝土构件中预留孔道，在孔道中插入需搭接的钢筋，并灌注水泥基灌浆料而实现的钢筋连接方式。

浆锚搭接工作原理是把要连接的带肋钢筋插入预制构件的预留孔道里，预留孔道内壁是螺旋形的，钢筋插入孔道后，在孔道内注入高强早强且有微膨胀特性的灌浆料，锚固住插入的钢筋。在孔道旁边是预埋构件中的受力钢筋，插入孔道的钢筋与之“搭接”。这种情况属于有距离搭接，传力途径是连接钢筋把力传递给受约束的高强灌浆料，然后受约束的高强灌浆料又把力传递给另一根与其搭接的钢筋。

浆锚搭接分为钢筋螺旋箍筋浆锚搭接连接和金属波纹管浆锚搭接连接(图2-3)。钢筋螺旋箍筋浆锚搭接连接是指在浆锚孔周围用螺旋钢筋约束，钢筋直径、钢筋搭接长度和螺旋箍筋的直径、箍距、配箍率根据设计要求确定。

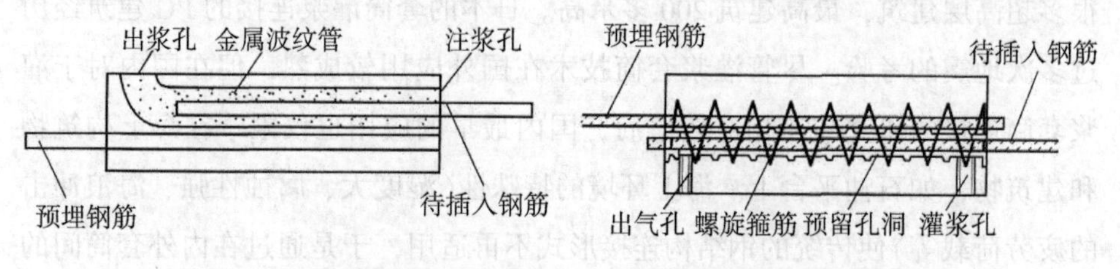

图2-3 金属波纹管浆锚搭接(左)和钢筋螺旋箍筋浆锚搭接(右)

金属波纹管浆锚搭接连接是指将金属波纹管预埋装配式混凝土预制构件中，形成浆锚孔内壁，在插入待插入钢筋后灌浆完成连接。

浆锚钢筋搭接是我国最近几年研发的一种预制构件连接技术，是由哈尔滨工业大学课题组研发，应用于预制混凝土结构工程的钢筋连接方法。该技术相比于钢筋灌浆套筒，有成本低、插筋孔直径大、制作精度要求低、钢筋排布难度低等优点。由于浆锚钢筋连接的抗拉能力主要是由钢筋的拉拔破坏、灌浆料的拉拔破坏、周围混凝土的劈裂破坏来决定的，因此，浆锚钢筋搭接须保证钢筋有足够的锚固长度和有效的横向约束，来提高约束浆锚连接性能。

在实际实践应用中，考虑浆锚连接由于荷载偏心传递，节点受力状况复杂，导致其承载能力较低，难以在大直径钢筋连接中应用，《装标》中第5.1.2-3条规定：“当剪力墙边缘构件竖向钢筋采用浆锚搭接连接时，房屋最大适用高度应比表中数值降低10m”；第5.4.4条规定：“直径大于20mm的钢筋不宜采用浆锚搭接连接，直接承受动力荷载的构件中纵向钢筋不应采用浆锚搭接连接。”浆锚连接需要连接钢筋具有足够的搭接长度才能保证构件连接的安全性。插入式预留孔灌浆搭接连接钢筋搭接长度为400~600mm，导致钢筋和灌浆料用量大，灌浆质量控制要求高；应用受到构件截面尺寸限制，插入式预留孔灌浆连接的两连接钢筋需在螺旋箍筋内部完成搭接连接，由此导致其外围的螺旋箍筋环外径较大，这在断面尺寸较小尤其是需要双排连接的剪力墙等构件中将会受到很大限制。目前国家还未有浆锚搭接相关的具体规范标准，其关键技术指标有待做进一步统一规定。

2.1.7 标准化设计与集成设计的概念

(1)标准化设计是指在设计阶段，面向通用产品，采用共性条件，制定统一的标准和模式，开展的适用范围比较广泛的设计，适用于技术上成熟、经济上合理、市场容量充裕的产品设计。采用标准化设计的优点是：

①设计质量有保证，有利于提高工程质量；

②可以减少重复劳动，加快设计速度；

③有利于采用和推广新技术；

④便于实行构配件生产工厂化、装配化和施工机械化，提高劳动生产率，加快建设进度；

⑤有利于节约建设材料，降低工程造价，提高经济效益。

装配式建筑标准化设计指在建筑设计、生产、施工等各个环节，通过制定一系列的标准规范，来保证建筑的质量、安全、可靠性等方面的要求，实现设计标准化、生产工厂化、安装装配化，提高工作效率，提高工程质量，节能环保，绿色低碳的理念。装配式建筑标准化设计原则主要包括以下几个方面：

①尺寸标准化：各种构件的尺寸应该符合标准化的要求，这样才能保证在现场组装时能够无缝衔接，从而避免出现尺寸不匹配的问题。

②材料标准化：各种构件所使用的材料应该符合标准化的要求，这样才能保证建筑的质量和安全性。

③工艺标准化：各种构件的生产工艺应该符合标准化的要求，这样才能保证构件的精度和质量。

④设计标准化：各种构件的设计应该符合标准化的要求，这样才能保证构件的功能和使用效果。

(2)装配式建筑集成设计是指建筑结构系统、外围护系统、设备与管线系统、内装系统一体化的设计。装配式建筑强调集成设计，在设计的过程中，应将结构系统、外围护系统、设备与管线系统以及内装系统进行综合考虑，一体化设计。

系统性和集成性是装配式建筑的基本特征，装配式建筑是以完整的建筑产品为对象，提供性能优良的完整建筑产品，通过系统集成的方法，实现设计、生产运输、施工安装和运营维护全过程的一体化。

在装配式建筑设计中，集成系统的设计与运用已经成为一种发展趋势。机电设备管井的集中化设计相对于传统方式更具优势。在住宅系统中，将寿命较长的结构系统与寿命较短的设备管线系统分离，将设备管井公共空间化、集成化也是住宅设计的理性趋势，为在建筑的全生命周期中通过更新管线来延长建筑寿命提供了操作的可能。

2.2 装配式混凝土主要结构体系及特点

2.2.1 装配整体式框架结构体系

混凝土结构主要受力构件(如柱、梁、板)全部或部分采用预制做法，可通过节点部位的后浇混凝土或叠合方式形成具有可靠的传力机制，并满足承载力和变形要求的框架结构。装配整体式框架结构可采用与现浇混凝土框架结构相同的方法进行结构分析，其承载力极限状态及正常使用极限状态的作用效应可采用弹性分析方法。在结构内力与位移计算时，对现浇楼盖和叠合楼盖，均可假定楼盖在其平面为无限刚性。装配整体式框架结构构件和节点的设计均可按与现浇混凝土框架结构相同的方法进行。此外，尚应对叠合梁端竖向接缝、预制柱柱底水平接缝部位进行受剪承载力验算，并进行预制构件在短暂设计状况下的验算。装配整体式框架结构中，应通过合理的结构布置，避免预制柱的水平接缝出现拉力。

装配整体式框架主要包括框架节点后浇和框架节点预制两大类：前者的预制构件在梁柱节点处通过后浇混凝土连接，预制构件为“一”字形；而后者的连接节点位于框架柱、框架梁中部，预制构件有“十”字形、“T”形、“一”字形等并包含节点，由于预制框架节点制作、运输、现场安装难度较大，现阶段工程较少采用。装配整体式框架结构连接节点设计时，应合理确定梁和柱截面尺寸以及钢筋的数量、间距及位置等，钢筋的锚固与连接应符合国家现行标准相关规定，并应考虑构件钢筋的碰撞问题以及构件的安装顺序，确保装配式结构的易施工性。装配整体式框架结构中，预制柱的纵向钢筋可采用套筒灌浆、机械冷挤压等连接方式。当梁柱节点现浇时，叠合框架梁纵向受力钢筋应伸入后浇节点区锚固或连接，其下部的纵向受力钢筋也可伸至节点区外的后浇段内进行连接。当叠合框架梁采用对接连接时，梁下部纵向钢筋在后浇段内宜采用机械连接、套筒灌浆连接或焊接等连接形式。叠合框架梁的箍筋可采用整体封闭箍筋及组合封闭箍筋形式。

该体系特点是预制构件标准化程度高，预制构件种类较少，梁柱构件较易预制并标准化，有利于缩短工期；楼板采用叠合板，框架梁采用叠合梁，节点采用现浇，结构的整体性、刚度较好，能达到较好的抗震效果；内部空间自由度好，可以较灵活地配合建筑平面布置。缺点是框架节点应力集中显著，节点区钢筋密度大，钢筋容易出现交叉“打架”现象，加工精度要求高，操作难度较大，建筑层数和高度受限制，一般适用于建造不超过15层的建筑。

2.2.2 装配整体式框架-现浇剪力墙结构体系

主体结构的竖向构件框架部分采用预制构件，剪力墙部分采用现浇，这样的做法可形成具有可靠传力机制，并满足承载力和变形要求的框架-剪力墙结构。该体系特点结构的主要抗侧力构件剪力墙或核心筒采用现浇，同时电梯井、楼梯间周围的剪力墙也建议采用现浇来完成。第二道抗震防线框架为预制。预制构件标准化程度较高，预制柱、梁构件、楼板构件均为平面构件，生产和运输效率较高，较好地解决了装配整体式框架结构中建筑层数和高度受限制的缺点。该体系的优点在于：梁、柱等预制构件为线性构件，可以控制自重，有利于现场吊装，节点连接处工程量小；外形规整有利于节能等。这种结构体系的缺点在于室内的使用效果不太尽如人意，比如用于住宅的时候，局部的柱子和梁需要结合室内设计来进行修饰。

2.2.3 装配整体式剪力墙结构体系

混凝土结构主要受力构件(如剪力墙、梁、板)全部或部分采用预制做法，可通过节点部位的后浇混凝土形成具有可靠传力机制，并满足承载力和变形要求的剪力墙结构。预制构件标准化程度较高，预制叠合梁、叠合楼板、预制墙板均为平面构件，生产、运输效率较高。预制剪力墙“T”形、“十”字形连接节点钢筋密度大，操作难度较高。预制墙体之间的连接较复杂，接缝处的质量受施工过程的影响较多。目前国内外装配整体式剪力墙结构体系理论研究试验数据较少，虽然装配整体式结构的抗震性能和普通混凝土结构的抗震性能接近，但是由于预制剪力墙竖向钢筋连接接头面积百分率通常为100%，其抗震性能尚未经过实际震害检验，对其抗震性能的研究以构件试验为主，整体结构试验偏少，剪力墙墙肢的主要塑性发展区域采用现浇混凝土有利于保证整体抗震能力。为了偏安全设计，规范标准还是降低了装配整体式剪力墙结构体系适用高度，结构设计还是需要采取一定加强措施加强节点连接设计。

2.2.4 装配整体式混凝土叠合剪力墙结构体系

叠合墙板是由两片预制混凝土墙板，通过钢筋桁架或连接件连接成具有中间空腔的墙板构件，经现场安装后浇筑混凝土填充中间空腔形成的剪力墙，由此形成的预制墙板和现浇混凝土整体受力的墙体就是叠合板式剪力墙。楼层内相邻叠合剪力墙之间的后浇混凝土与预制墙板通过水平连接钢筋连接；上下层之间叠合剪力墙水平接缝处通过竖向连接钢筋连接。装配整体式混凝土叠合剪力墙结构体系的特点是工业化程度高，施工速度快，连接简单，构件吊装重量轻，精度要求较低等，无须灌浆套筒连接，无灌浆套筒质量风险，成本低，竖向钢筋搭接连接更接近于现浇结构，整体性、抗渗和防水性较好。但该体系双面叠合墙板间需设桁架钢筋拉结，用钢量大，对现浇混凝土要求较高，需自密实混凝土浇筑，现浇混凝土实体部位无法检测，理论计算方法比较复杂，尤其是剪力墙开洞的影响，由于空间分割及墙体开洞，构件标准化比较困难。叠合墙竖向钢筋连接节点采用间接搭接，间接搭接在我国还处于理论研究阶段，应用实践经验较少，目前现行图集 15G310-1 中的叠合板密拼缝节点大样采用间接搭接技术。

2.3 装配式建筑四大组成系统

装配式建筑由结构系统、外围护系统、设备与管线系统、内装系统四大系统组成。这四大系统是装配式建筑集成设计的重要组成部分。装配式建筑设计需四大系统一体化设计、标准化设计、协同设计。

2.3.1　结构系统

装配式建筑结构系统是指结构构件通过可靠的连接方式装配而成，以承受或传递荷载作用的整体。结构系统是装配式建筑设计的重要组成部分。因此在装配式结构的设计中，应注重概念设计和结构分析模型的建立，以及预制构件的连接节点设计。

1. 装配式混凝土结构技术体系应涵盖的内容

(1)建立结构构件系统，构件系统应遵循通用化和标准化原则，针对具体的建筑产品类型，配套完整的构件产品手册及技术指标说明。在一定范围内宜形成系列化标准构件库。

(2)形成构件连接和接口的成套技术，包括构件与构件、构件与部品等。连接技术应遵循安全可靠、适用明确、配套完整、操作简便等原则，针对具体的建筑产品类型，建立完整的标准和标准设计体系，发展相关配套产品。

(3)建立与结构系统相匹配的设计方法，提出与结构体系相适宜的性能目标和技术要求，结构计算模型应与结构整体、构件及其连接的实际受力特征相符合。

(4)形成预制构件生产成套技术及产品标准，包括生产工艺、模具、质量标准和管理系统、存放和运输、成品保护等。

(5)形成装配式混凝土结构成套施工技术，包括安装工艺和工序、配套设备设施和机具、质量控制措施、检验验收方法等。

2. 装配式结构的设计应符合的现行国家标准

装配式结构的设计应符合现行国家标准《混标》的基本要求，并应符合下列规定：

(1)应采取有效措施加强结构的整体性。装配整体式结构的设计，是在选用可靠的预制构件受力钢筋连接技术的基础上，采用预制构件与后浇混凝土相结合的方法，通过连接节点合理的构造措施，将预制构件连接成一个整体，保证其具有与现浇混凝土结构等同的延性、承载力和耐久性能，达到与现浇混凝土结构性能基本等同的效果。其整体性主要体现在预制构件之间、预制构件与后浇混凝土之间的连接节点上，包括接缝混凝土粗糙面及键槽的处理、钢筋连接锚固技术、设置的各类联系钢筋、构造钢筋等。

(2)装配式混凝土结构的材料宜采用高强混凝土、高强钢筋。预制构件在工厂生产，便于采用高强混凝土材料；采用高强混凝土可以提早脱模，提高生产效率，减小构件尺寸，便于运输吊装。采用高强钢筋，可以减少钢筋数量，简化连接节点，便于施工，降低成本。

(3)装配式结构的节点和接缝应受力明确、构造可靠。一般采用经过充分的力学性能试验研究、施工工艺试验和实际工程检验的节点做法。节点和接缝的承载力、延性和耐久性等方面的要求一般通过构造要求、施工工艺要求等来实现，必要时应对节点和接缝的承载力进行验算。

(4)装配式结构的整体计算模型与连接节点和接缝性能有关，与现浇混凝土结构有一定区别。

3. 结构布置与建筑功能空间

结构布置应与建筑功能空间相互协调，宜满足建筑功能空间组合的灵活可变性要求，宜采用大开间、大进深的布置方案。预制构件应与外围护、内装、设备与管线系统的部品部件之间进行协调。

4. 预制混凝土构件宜符合的要求

(1)宜采用高性能混凝土、高强度钢筋，提倡采用预应力技术。

(2)在运输、吊装能力范围内构件规格尺寸宜大型化。

(3)钢筋混凝土结构构件宜采用成型钢筋，钢筋的定位宜标准化，钢筋的间距宜优先采用1M(基本模数)的整数倍，也可采用1M的整数倍及其与M/2的组合。

(4)截面尺寸宜选用《湖北省装配式预制混凝土建筑标准化构件库》的优先尺寸，应与周边部品部件进行尺寸协调，同时还应考虑生产运输和施工安装的可行性。

5. 预制构件之间的连接技术应符合的要求

(1)应符合结构整体性能目标要求，连接做法应简单、易操作。

(2)连接用配套产品应系列化、通用化。

(3)连接技术应与施工工艺配套。

(4)当预制混凝土构件之间采用后浇混凝土连接时，后浇混凝土部分的宽度尺寸宜与施工模板尺寸相协调。

6. 装配式混凝土结构的整体性

装配式混凝土结构应采取措施保证结构的整体性。比如，安全等级为一级的高层装配式混凝土结构应按现行行业标准《高规》的有关规定进行抗连续倒塌概念设计。进行防连续倒塌设计时，可采取的措施包括减小偶然荷载作用的效应、布置可替代的传力途径、增强关键部位的承载能力和变形能力、增加结构冗余度等。装配式结构应具有在偶然作用发生时适宜的抗连续倒塌能力，不允许采用摩擦连接传递重力荷载，应采用构件连接传递重力荷载；应具有适宜的多余约束性、整体连续性、稳固性和延性；水平构件应具有一定的反向承载能力，如连续梁边支座、非地震区简支梁支座顶面及连续梁、框架梁梁中支座底面应有一定数量的配筋及合适的锚固连接构造，防止偶然作用发生时，该构件产生过大破坏。设计时，主要通过构造措施满足防连续倒塌的要求，主要包括：

(1)强调结构的整体性，提出节点及接缝区域连接钢筋的数量不少于构件，后浇混凝土或者灌浆料强度不低于构件，塑性铰区接缝受剪承载力高于构件截面受剪承载力，即“强接缝、弱构件”的概念。

(2)在预制剪力墙的水平及竖向接缝内，均强调墙体钢筋的可靠连接和锚固，保证传力的连续性。

(3)在结构中沿各层楼面预制墙顶设置连续封闭的现浇圈梁及水平后浇带，并强调其中纵向钢筋的连续性，增加结构的多余约束性、整体连续性。

(4)在楼板边支座及端支座处，板端设置伸出钢筋或者设置附加钢筋，增强楼板与支承构件的连续性、抗剪能力和水平传力能力，并保证楼板具有一定的反向承载能力。

2.3.2　外围护系统

装配式建筑外围护系统是由建筑外墙、屋面、外门窗及其他部品部件等组合而成，用于分隔建筑室内外环境的部品部件的整体。外围护系统是装配式建筑的重要组成部分，在设计中，外围护系统除了要满足抗风、抗震、耐撞击及防火等安全性能与结构荷载要求，还要符合保温、隔热、隔声、防水、防潮等功能性指标以及耐久性要求。装配式混凝土建筑的外围护系统分为承重和非承重两类。在居住建筑中，承重类外围护系统属于结构系统，其性能应满足装配式混凝土建筑对外围护系统的性能要求，且承重类外围护系统的结构性能和物理性能可考虑结构部分的有利作用。本指南仅包括非承重类外围护系统和承重类外围护系统的非结构系统部分。

1. 外围护系统

外围护系统技术体系的建立，应统筹设计、制作、运输、安装施工及运营维护全过程，并应进行一体化协同设计。外围护系统技术体系应涵盖以下内容：

(1)确定外围护系统的性能要求、模数协调要求。

(2)明确外墙围护系统和屋面围护系统内各部品之间的连接做法，以及外围护系统与结构系统之间的连接做法。

(3)建立与外围护系统各部品及其连接相匹配的计算模型、设计方法。

(4)协调外围护系统与建筑空间布局、建筑外立面、内装系统、设备与管线系统之间的关系，保证整体建筑的性能要求。

(5)制定标准化的成套生产工艺，关键工序应可控；质量控制点应明确，过程检验、例行检验应具有可操作性；部品的包装、运输、储存不应影响最终部品质量。

(6)明确安装施工的工艺、工序要求，配套安装施工用设备设施机具，建立成套的施工技术方案与质量控制要求。

2. 居住建筑外围护系统

居住建筑外围护系统应简洁、规整，并在遵循模数化、标准化原则的基础上，坚持“少规格、多组合”的要求，实现立面形式的多样化。外墙围护系统设计时应考虑外围护墙板与外门窗、阳台板、空调板等部品部件的相互关系。

3. 外围护系统部品材料性能

外围护系统部品应综合其组成材料的性能，单独一个材料不应成为该部品性能的薄弱环节。

4. 外围护系统部品成套供应

外围护系统部品应成套供应，部品安装施工时采用的配套件也应明确其性能要求。

5. 外围护系统部品的选用

外围护系统宜采用获得产品认证的工业化部品，获得认证的部品型号和认证依据应与装配式混凝土建筑工程实际情况相一致。

6. 外围护系统保证安全的能力

外围护系统应具备在自重、风荷载、地震作用、温度作用、偶然荷载等各种工况下保证安全的能力，并根据抗风性能、抗震性能、耐撞击性能要求合理选择组成材料、生产工艺和外围护系统部品内部构造。

7. 外围护系统的连接节点应符合的规定

(1)外围护系统的连接节点宜避开主体结构支承构件在地震作用下的塑性发展区域且不宜支承在主体结构耗能构件上。

(2)外围护系统与主体结构的连接节点应满足持久设计状况和地震设计状

况下的承载力验算要求；当采用预制混凝土外挂墙板等刚度、自重较大的外围护系统部品时，应满足持久设计状况和地震设计状况下的外围护系统与主体结构的变形能力要求。

8. 外墙围护系统各部品内部及各部品之间的连接应符合的规定

(1)外墙围护系统传力路径应清晰，安全可靠。

(2)外墙围护系统各部品及其连接应满足持久设计状况下的承载能力、变形能力、裂缝宽度、接缝宽度要求，应满足短暂设计状况下的承载能力要求，并应满足地震设计状况下的接缝宽度和承载能力要求。

(3)预制混凝土外挂墙板所采用的夹心保温墙板内外叶墙板之间的拉结件应满足持久设计状况下和短暂设计状况下承载能力极限状态的要求，并应满足罕遇地震作用下承载能力极限状态的要求。

(4)装配式混凝土居住建筑的外墙板采用石材饰面时，宜采用反打成型工艺。

9. 非承重外围护系统的耐火要求

非承重外围护系统应满足建筑的耐火要求，遇火灾时在一定时间内能够保持承载力及其自身稳定性，防止火势穿透和沿墙蔓延，且应满足以下要求：

(1)外围护系统部品的各组成材料的防火性能满足要求，其连接构造也应满足防火的要求。

(2)外围护系统与主体结构之间的接缝应采用防火封堵材料进行封堵，防火封堵部位的耐火极限不应低于楼板的耐火极限要求。

(3)外围护系统部品之间的接缝应在室内侧采用防火封堵材料进行封堵，防止蹿火。

(4)外门窗洞口周边应采取防火构造措施。

(5)外围护系统节点连接处的防火封堵措施不应降低节点连接件的承载力、耐久性，且不应影响节点的变形能力。

(6)外围护系统与主体结构之间的接缝防火封堵材料应满足建筑隔声设计要求。

10. 外围护系统的物理性能应符合的规定

(1)外围护系统的接缝设计应结合变形需求、气密水密等性能要求，构造应合理，方便施工、便于维护。

(2)水密性能包括外围护系统中基层板的不透水性以及基层板、外墙板或屋面板接缝处的止水、排水性能。

(3)气密性能主要为基层板、外墙板或屋面板接缝处的空气渗透性能。

(4)外墙围护系统接缝应结合建筑物当地气候条件进行防排水设计。外墙围护系统应采用材料防水和构造防水相结合的防水构造，并应设置合理的排水构造。

(5)外围护系统墙板类部品部件应具备一定的隔声性能，防止室外噪声的影响。外围护系统的隔声性能设计应结合建筑物的使用功能和环境条件，并与外门窗的隔声性能设计相结合。

(6)外围护系统应结合不同地域的节能要求做好节能和保温隔热构造处理，在细部节点做法处理上应注意防止内部冷凝和热桥现象的出现。

(7)外门窗及玻璃幕墙的内表面温度应高于水蒸气露点温度。

(8)外围护系统饰面层的耐擦洗、耐沾污性能应根据设计工作年限及维护周期综合确定。

(9)架空屋面应在屋顶有良好通风的环境中使用，其进风口宜设置在当地炎热季节最大频率风向的正压区，出风口宜设置在负压区。

11. 外围护系统的耐久性应符合的规定

(1)居住建筑外围护系统主要部品及不易更换的部品的设计工作年限应与主体结构相同。

(2)接缝密封材料应建立维护更新周期，维护更新周期应与其使用寿命相匹配。

(3)饰面材料应根据设计维护周期的要求确定耐久年限。

(4)面板材料及其最小厚度应满足耐久性的基本要求。

(5)框架、主要支承结构及其与主体结构的连接节点的耐久性要求，应高于面板材料。

(6)外围护系统与主体结构连接用节点连接件和预埋件应采取可靠的防腐蚀措施。

(7)外围护系统应明确各组成部分、各配套部品的检修、保养、维护的技术方案。

2.3.3 设备与管线系统

装配式建筑设备与管线系统是指由给水排水、供暖通风空调、电气和智能化、燃气等设备与管线组合而成，满足建筑使用功能的整体。装配式建筑机电设备设计的原则要求管线分离，这是与常规建筑的机电设计最大的不同，其目的在于尽量减少预制构件和建筑部品内部的管线预留，降低构件的生产难度和现场的安装难度，有利于构件生产标准化。

装配式混凝土建筑的机电系统设计应遵循设计、生产和装配一体化的要求。具体如下：

(1)坚持设计、生产和装配一体化思维贯穿全程。在预制构件加工制作阶段，应将各专业、各工种所需的预留孔洞、管线、设备、预埋件等在预制构件厂内按照构件深化图加工完成，并进行质量验收，以避免在施工现场进行剔凿、切割，破坏预制构件，影响构件的质量及观感。

(2)构件深化图纸设计阶段，机电专业人员应配合预制构件深化设计人员编制预制构件的加工图纸。为了避免专业间管线冲突，应尽可能减少各专业管线的交叉，采用包含 BIM 技术在内的多种技术手段开展管线综合设计，结合预制构件工业化生产及机械化安装的要求，对预制构件内的机电设备、管线和预留洞槽等进行精确绘制。为保证预制构件的通用性，减少预制构件的种类，机电设计应尽量减少对预制构件的影响，涉及预制部分，管线的预留预埋尺寸规格应统一。

(3)在策划与设计阶段，应根据装配式混凝土建筑特点，结合项目实际情况，策划设备与管线系统的实施技术路线。与建筑、结构、装修一体化设计，优先选用符合模数的标准化部品，与结构、外围护、内装各系统以及部品部件的生产、运输、安装等各环节相互协调。应考虑建筑全寿命期的安装、维护和更新，实现装配式混凝土建筑安全耐久、健康舒适、资源节约。

(4)设备与管线系统宜与主体结构相分离，应方便维修和更换，且在维修和更换时应不影响主体结构安全。设备与管线系统宜采用集成技术，通过综合设计及管线集成，提高设备与管线系统的集成度。

(5)应优先选用绿色环保，适用于装配式建筑的新材料、新技术、新工艺、新设备。应选用耐腐蚀、使用寿命长、降噪性能好、便于安装及更换的管材、管件，以及高性能的阀门设备。设备与管线系统宜采用获得安全、绿色等方面产品认证的工业化部品。

(6)设备与管线在安装时应考虑抗震措施。设备与管线应尽量避免敷设于预制构件的接缝处。

(7)在进行装配式混凝土建筑内部设备管线设计时，应进行管线综合设计，满足建筑给排水、消防、燃气、采暖、通风和空气调节设施、照明供电等机电各系统功能使用、运行安全、维修管理方便等要求，减少平面交叉；竖向管线宜集中布置，并应满足维修更换的要求。

(8)设备管线穿过楼板的部位，应采取防水、防火、隔声等措施。

2.3.4　内装系统

装配式建筑内装系统是由楼地面、墙面、轻质隔墙、吊顶、内门窗、厨房和卫生间等组合而成，满足建筑空间使用要求的整体。内装系统主要可分为集成卫浴系统、集成厨房系统、集成地面系统、集成墙面系统、集成吊顶系统、门窗系统、给水系统和排水系统八大系统。“管线与结构分离，消除湿作业，摆脱对传统手工艺的依赖，节能环保特性更突出，后期维护翻新更方便”是装配式内装系统的核心价值。

1. 内装部品的互换性和通用性

内装部品应具有一定的互换性和通用性，易于维护管理和检修更换，与建筑主体结构应具有良好的兼容性；室内装修用管线与建筑主体结构分离；

内部装品的选用应与相关建筑材料、设备设施和管线的使用寿命统筹兼顾，合理搭配。

2. 内装部品的性能要求

内装部品性能应满足国家相关标准的要求，并注重提高以下性能：

(1)安全性，包括部品的物理性能，如强度、刚度、使用安全、防火耐火等级等；

(2)耐久性，部品应能够循环利用，且具有抗老化性、可更换性等；

(3)节能环保，尽量减少内装部品在制造、流通、安装、使用、拆改、回收的全寿命过程中对环境的持续影响；

(4)经济性，通过标准化、工厂化、规模化的生产方式，降低生产成本；

(5)高品质，用科技密集型的规模化工业生产取代劳动密集型的粗放型工业生产，确保内装部品的高品质。

3. 室内部品的接口

室内部品的接口应符合下列规定：

(1)接口应做到位置固定、连接合理、拆装方便、使用可靠；

(2)接口尺寸应符合模数协调要求，与系统配套；

(3)各类接口应按照统一、协调的标准进行设计；

(4)套内水电管材和管件、隔墙系统、收纳系统之间的连接应采用标准化接口。

4. 室内装修施工

室内装修施工应结合内装部品的特点，采用适宜的施工方式和机具，尽可能减少现场手工制作以及其他影响施工质量和进度的操作；杜绝现场临时开洞、剔凿等对建筑主体结构耐久性有影响的做法，严禁不规范装修施工导致降低建筑主体结构的设计工作年限。

第3章　装配式混凝土结构设计技术要点

3.1　装配式混凝土建筑的设计流程

装配式混凝土建筑的设计阶段分为技术策划、方案设计、初步设计、施工图设计和深化设计几个阶段(图3-1)。每个设计阶段除了和常规现浇建筑设计有类似之处，还有许多独特的设计要点需要特别注意。总之，装配式建筑设计的核心就是技术集成、专业协同。

技术集成就是涵盖各个设计阶段、各单位、各个专业之间的技术一体化设计，具体表现在装配式建筑技术、绿色低碳建筑技术、健康建筑技术、智能建筑技术、隔震减震技术、信息化数字技术等；专业协同是建筑集成、结构支撑、机电配套、装修一体化协同、平行设计模式。

3.1.1　技术策划

项目技术策划阶段进行前期方案策划及经济性分析，对规划设计、构件产品生产和施工建造各个环节统筹安排。建筑、结构、机电、内装、经济、构件生产等环节应紧密配合，对装配式技术选型、技术经济可行性和施工可建造性进行评估，并应确定建造目标与技术实施方案，使项目的经济效益、环境效益和社会效益实现综合平衡。

技术策划的重点是项目经济性的评估，主要包括以下几个方面：

(1)概念方案和结构选型的合理性。项目策划首先是以满足建筑功能需求

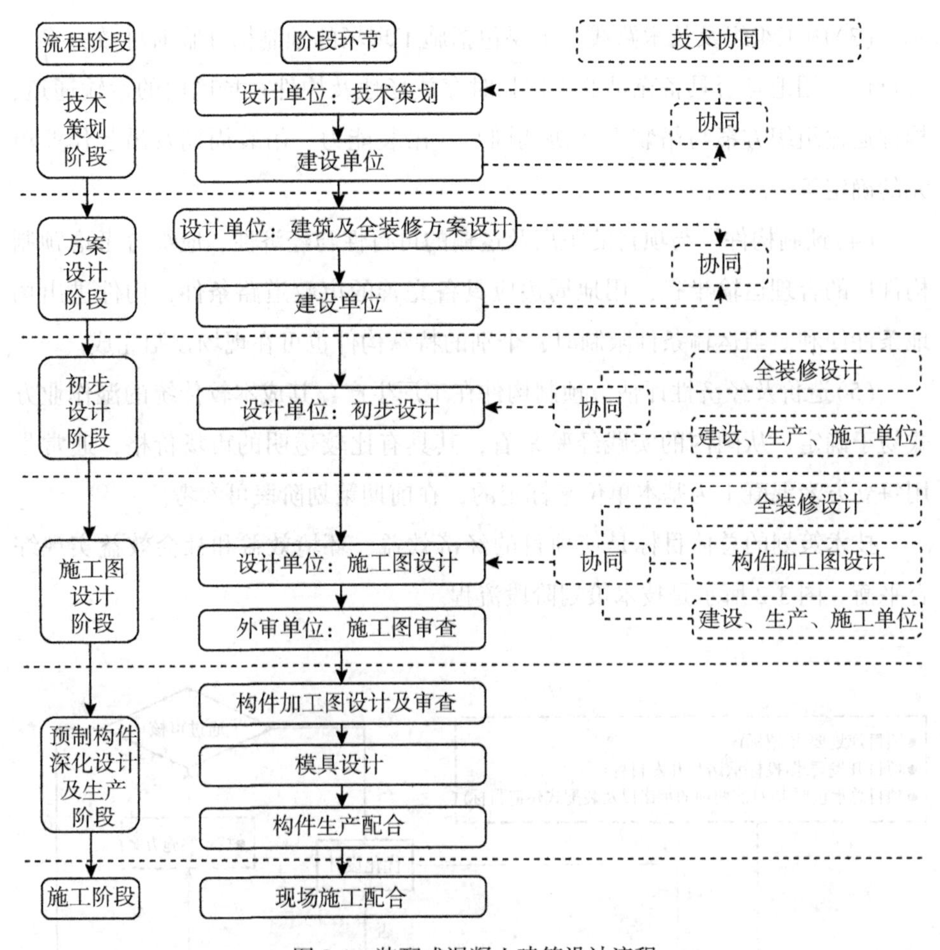

图 3-1　装配式混凝土建筑设计流程

为主题，在满足建筑使用功能的前提下，选择合理的建造方式。采用装配式建筑建造也可采用多种不同的建造方案，不同的建造方案取决于建筑方案是否符合标准化设计的要求，结构选型是否合理，是否结合装配式建造的特点和优势进行了标准化设计。合理的结构选型对建筑的经济性和合理性非常重要。

(2)预制构件厂生产条件、生产规模、可生产预制构件的形式与生产能力。预制构件几何尺寸、重量、连接方式、集成度、采用平面构件还是立体构件等技术选型，需要结合预制构件厂的实际情况来确定。

(3)施工组织及技术路线。主要包括施工现场的预制构件临时堆放方案的可行性，用地是否具备充足的构件临时存放场地及构件在场区内的运输通道，构件运输组织方案与吊装方案协调同步，吊装能力、吊装周期及吊装作业单元的确定等。

(4)预制构件厂与项目的距离及运输的可行性与经济性。应综合考虑预制构件厂的合理运输半径，用地周边应具备完善的市政道路条件，构件进出场地条件便利。当运输条件限制时，个别的特殊构件也可在现场预制完成。

(5)造价及经济性评估。预制构件在工厂生产，其成本较传统的湿作业方式易于确定。从国内的实践经验来看，其具有比较透明的市场价格，通常是用每立方米混凝土为基本单位来标定的，在前期策划阶段可参考。

技术策划的总体目标是使项目的经济效益、环境效益和社会效益实现综合平衡。图3-2所示是技术策划阶段流程。

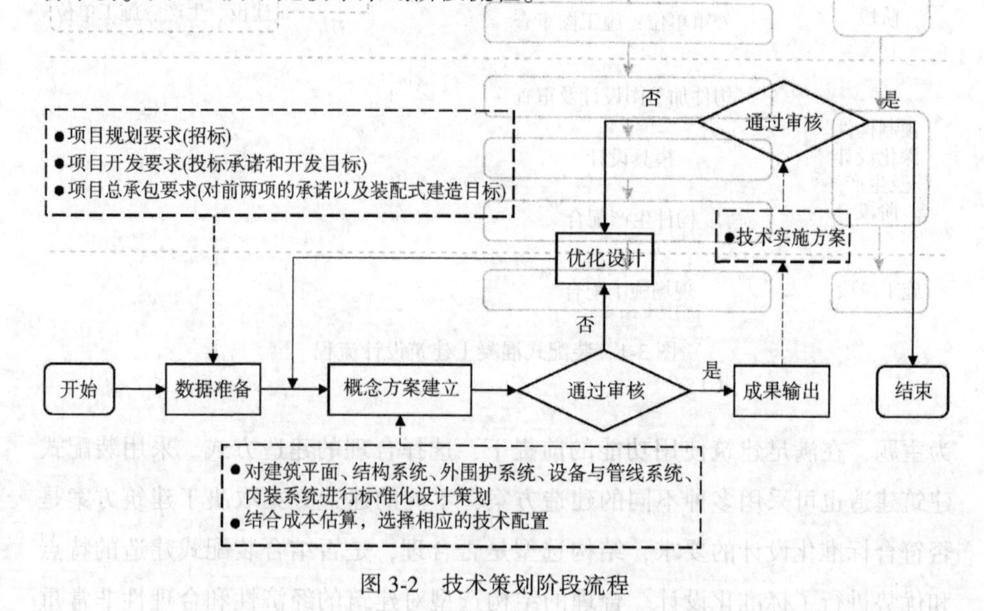

图3-2 技术策划阶段流程

3.1.2 方案设计

装配式建筑方案设计应结合建筑功能、建筑造型，从建筑整体设计入手，无论是预制建筑方案设计，还是预制结构方案设计都要由专业顾问参与指导，规划好各部位拟采用的工业化部品和构配件，并实现部品和构配件的标准化、定型化和系列化。

根据技术策划实施方案进行平面、立面、剖面图以及重要节点构造设计，明确结构体系、预制构件种类等；全装修设计应在此阶段介入，根据户型方案进行全装修方案设计。

方案阶段的建筑、结构等各专业应密切配合，展开专题研究工作，结合装配式建筑工艺特点，配合方案设计确定建筑立面效果；明确项目采用装配整体式建筑的情况及所采用的装配体系；结合甲方及技术条件和政策要求，外墙保温体系初步确定；结合甲方及规划条件要求，对精装修范围进行初步确定；估算装配率。图 3-3 所示是方案设计阶段流程。

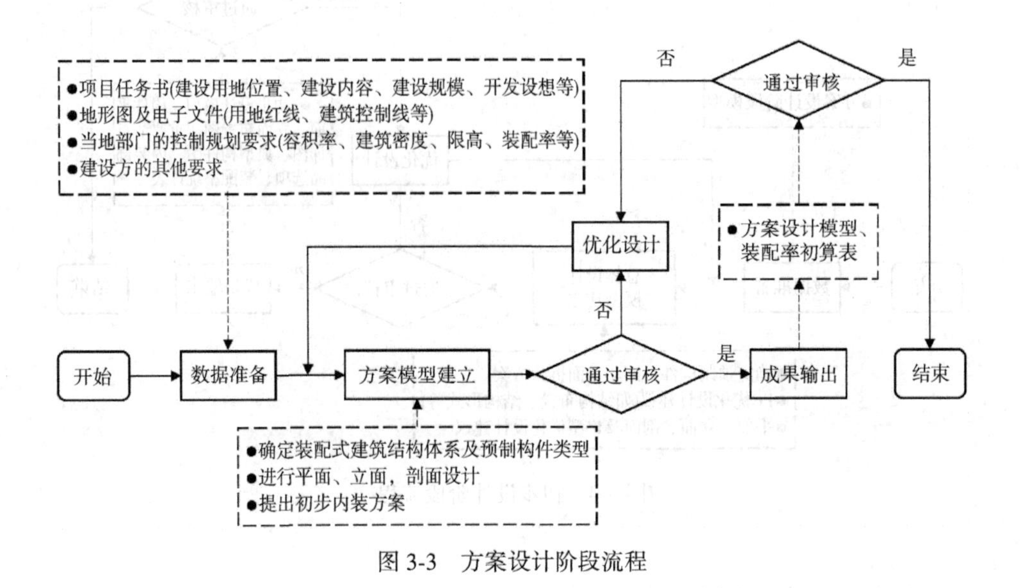

图 3-3 方案设计阶段流程

3.1.3 初步设计

根据前期方案设计的成果，对各专业的设计内容成果进一步深化，各专业之间密切配合，协同优化设计，为后期施工图设计提供基础。同时，优化预制构件规格种类、设备专业管线预留预埋等，并进行专项的经济性评估，分析影响成本的因素，制定合理的技术措施，进一步细化和落实所采用的技术方案的可行性。

初步设计阶段根据方案批文意见及专项审查意见，完善装配式方案体系；在结合主体结构方案整体考虑的基础上，完成平面、立面初步拆分图及节点初步大样；初步完成装配式构件详图（模板图）及节点连接方案；进一步明确设计任务书对项目的装配率要求，包括采用装配整体式的建筑面积和装配初步平面图、完成装配式结构构件布置及确定连接方式、确定精装修范围等；初步考虑预制构件厂生产能力、运输距离，项目场地堆放吊装安装空间等。图 3-4 所示是初步设计阶段流程。

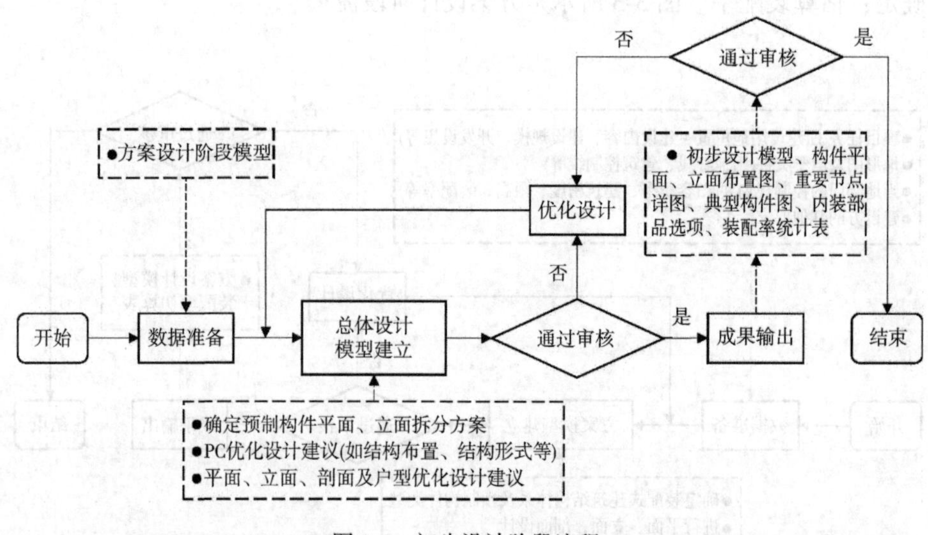

图 3-4　初步设计阶段流程

3.1.4　施工图设计

施工图设计应按照初步设计阶段制定的技术措施进行设计，综合考虑各专业的具体要求，完成各专业施工图设计文件、计算书、节点详图等，进行预留预埋及连接节点设计，形成完整的可实施的施工图设计文件。图 3-5 所示是施工图设计阶段流程。

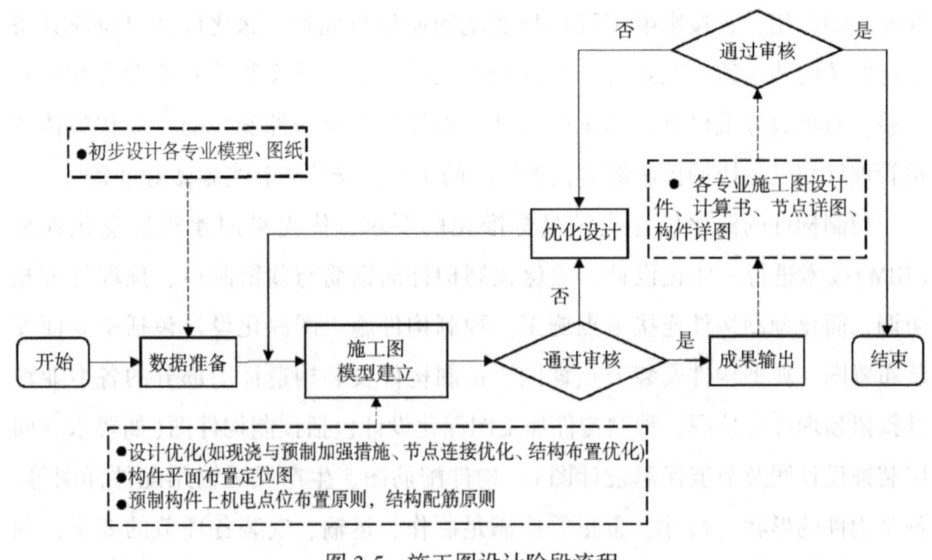

图 3-5　施工图设计阶段流程

施工图设计应按照建筑设计与装修设计一体化的原则，对户内管线、用水点及电气点位等准确定位，满足装修一次到位要求，保证建筑设计与装修设计的一致性。楼梯间、门窗洞口、厨房和卫生间的设计，要重点检查其是否符合现行国家标准的有关规定。装配式建筑施工图设计除了要在平面、立面、剖面准确表达预制构件的应用范围、构件编号及位置、安装节点等要求外，还应包括典型预制构件图、配件标准化设计与选型、预制构件性能设计等内容。施工图设计必须要满足后续预制构件深化设计要求，在施工图初步设计阶段就与深化设计单位充分沟通，将装配式要求融入施工图设计中，减少后续图纸变更或更改，确保施工图设计图纸的深度对于后续深化设计时，需要协调的要点已经充分清晰地表达。

施工图设计阶段应与精装修设计单位落实预留预埋要求；落实水、暖、电各设备预留预埋的要求；与深化设计单位落实确定装配式构件拆分布置图等。

3.1.5　深化设计

构件加工深化设计工作作为装配式建筑的专项设计，具有承上启下、贯穿始终的作用，直接影响工程项目实施的质量与成本。深化设计单位应具备丰富的装配式建筑方案设计、构件深化设计、生产及安装的专业能力和实际经验，对项目方案设计、施工图设计、构件生产及构件安装的产业化整体质量管理计划具备协调控制能力，为后续的生产、安装顺利实施做好准备。

预制构件的深化设计应满足标准化的要求，优先采用建筑信息化模型(BIM)技术进行一体化设计，确保预制构件的钢筋与预留洞口、预埋件等相协调，简化预制构件连接节点施工。预制构件施工图深化设计包括平立面安装布置图、典型构件安装节点详图、预制构件安装构造详图部分的各专业设计预留预埋件定位图。预制构件加工图深化设计包括预制构件图(如要求含面层装饰设计图及节能保温设计图)、构件配筋图、生产及运输用配件详图等。预制构件的形状、尺寸、重量等应满足制作、运输、安装各环节的要求；预制构件的配筋设计应便于工厂化生产和现场连接。预制构件图中预埋定位内容包括：脱模吊装预埋件、装车吊装预埋件、临时支撑预埋件、安装调节预埋件、现浇模板支撑预埋件、部品安装预埋件、防雷预埋件、室内装修预埋件、设备管线预埋件及施工措施预埋件等。图 3-6 所示是深化设计阶段流程。

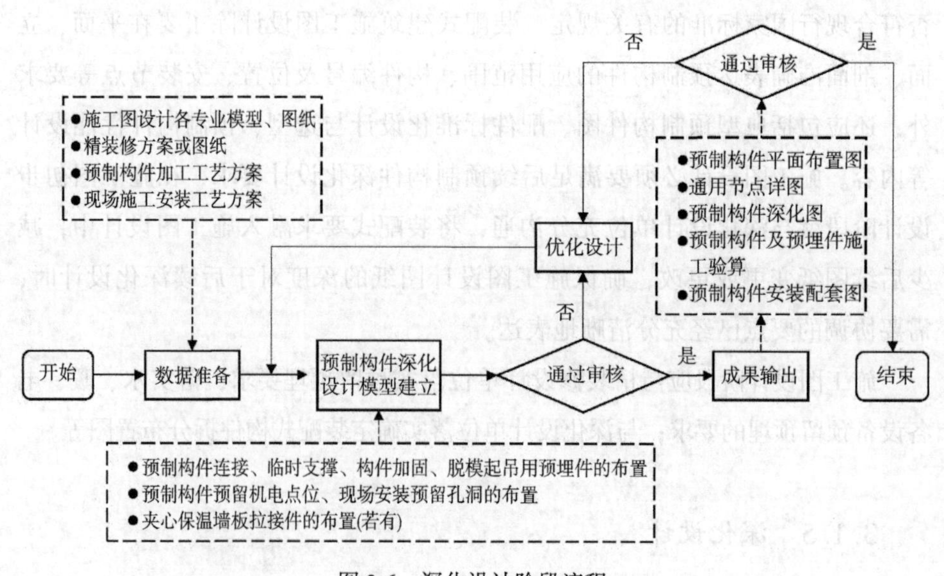

图 3-6　深化设计阶段流程

3.2　装配式混凝土建筑设计特点

3.2.1　标准化设计

要保证装配式建筑的技术可行性和经济合理性，采用标准化的设计方法，减少构件规格和接口种类是关键点。“标准化设计”不等于“标准设计”，建筑标准化设计是一种方法和手段，是指在建筑设计中，对重复性的要素和概念通过制订、发布和实施标准达到统一，以获得设计对象的最佳秩序和社会效益。标准化设计有很多表现形式和实现方式，如模数和模数协调、模块化设计、部品和模块的重复利用、规划中标准楼栋的重复利用。“标准设计”是标准化设计的结果之一，是按照一定的标准和规则设计的具有通用性的建筑物、构筑物、构配件、零部件、工程设备等。

标准化设计原则：

(1)应符合城市规划的要求，并与产业资源和周围环境相协调。

(2)在模数协调的基础上，应遵循“少规格、多组合”的原则，着重对部品部件进行标准化设计，提升生产模具的复用率，降低成本。

(3)居住建筑应采用套型、核心筒等功能模块进行组合，实现标准化设计。

(4)部品部件应采用标准化、通用化的接口技术，实现互换性。接口应具备调整公差、容错的功能。

3.2.2　模数与模数协调

通过模数及模数协调不仅能协调预制构件(部品)与构件(部品)之间的尺寸关系，优化构件(部品)的规格，使设计、生产、安装等环节的配合快捷、精确，实现土建、机电设备和装修的“一体化集成”及装修部品部件的“工厂化生产”；而且还能在预制构件的构成要素(钢筋网、预埋管线等)之间形成合理的空间关系，避免交叉和碰撞。表3-1~表3-10所示是几种常见住宅建筑功能间标准化设计优选的尺寸，住宅项目优先采用《湖北省装配式混凝土结构住宅主要构件尺寸指南》中所列的标准化设计尺寸。

表3-1　　公共区域平面优先净尺寸(mm)

项目	优先净尺寸
走道宽	1500(粉刷或薄贴面砖装修)、1800(干挂装修)
电梯厅深度	1500、1600、1700、1800、2400(三合一前室电梯厅)

表3-2　　双跑楼梯间开间、进深及楼梯梯段宽度优先尺寸

层高(mm) 平面尺寸	3000
开间轴线尺寸(mm)	2800
开间净尺寸(mm)	2600
进深轴线尺寸(mm)	4800
进深净尺寸(mm)	4600
梯段宽度尺寸(mm)	1225
每跑梯段踏步数(个)	9

表3-3　　剪刀楼梯间开间、进深及楼梯梯段宽度优先尺寸

层高(mm) 平面尺寸	3000
开间轴线尺寸(mm)	2800
开间净尺寸(mm)	2600
进深轴线尺寸(mm)	7400
进深净尺寸(mm)	7200
梯段宽度尺寸(mm)	1200
两梯段水平净距离(mm)	200
每跑梯段踏步数(个)	18

注：表中尺寸确定均考虑住宅楼梯梯段一边设置靠墙扶手。

表 3-4　　　　**电梯井道开间、进深优先尺寸(mm)**

载重(kg) \ 平面尺寸	开间轴线尺寸	开间净尺寸	进深轴线尺寸	进深净尺寸
800	2100	1900	2400	2200
1000	2400	2200	2400	2200
1000	2200	2000	2800	2600
1050	2200	2000	2400	2200

注：住宅用担架电梯可采用1000kg深型电梯，轿厢净尺寸为1100mm宽、2100mm深；也可采用1050kg电梯，轿厢净尺寸为1600mm宽、1500mm深，或1500mm宽、1600mm深。

表 3-5　　　　**集成式厨房平面优先净尺寸(mm×mm)**

平面布置	优先尺寸(开间×进深)
单排布置	1800×3300、1800×3900
双排布置	2400×2700、2400×3000
L形布置	1800×3300、1800×3900(2400×3300)
U形布置	1800×3300、2100×3300、2400×2400、2400×2700(3000×2700、3300×2400)

注：括号内数值适用于无障碍厨房。

表 3-6　　　　**集成式卫生间平面优先净尺寸(mm×mm)**

功能区域	宽度×长度
便溺	1000×1200、1200×1400(1400×1700)
洗浴(淋浴)	900×1200、1000×1400(1200×1600)
洗浴(淋浴+盆浴)	1300×1700、1400×1800(1600×2000)
便溺、盥洗	1200×1500、1400×1600(1600×1800)
便溺、洗浴(淋浴)	1400×1600、1600×1800(1600×2000)
便溺、盥洗、洗浴(淋浴)	1400×2000、1500×2400、1600×2200、1800×2000(2000×2200)
便溺、盥洗、洗浴、洗衣	1600×2600、1800×2800、2100×2100

注：①括号内数值适用于无障碍卫生间。

②集成式卫生间内空间尺寸偏差为±5mm。

表 3-7　　　　**阳台平面优先净尺寸(mm)**

项目	优先净尺寸
宽度	阳台宽度优先尺寸宜与主体结构开间尺寸一致
深度	1200、1400、1600、1800、2000

表 3-8　　　　**外门窗洞口优先尺寸(mm)**

		宽　度	高度
外门	推拉门	1800、2100、2400、2700、3000、3300	2400
	平开门	800、900	2400
外窗	普通窗	600、900、1200、1500、1800	1500
	飘窗	1200、1500、1800、2100、2400	1800

注：飘窗挑出外墙尺寸 600mm，按侧板类型分为两侧实体墙板型、一侧实体墙板、两侧透明型，本指南主要针对两侧实体墙板型飘窗。

表 3-9(1)　　　　**无洞口外墙板优先尺寸(mm)**

项目	优先净尺寸
宽度	1800、2100、2400、2700、3000

注：无洞口外墙，主要应用于建筑山墙或电梯井道、楼梯间的外墙等区域。

表 3-9(2)　　　　**一个窗洞口外墙板优先尺寸(mm)**

项目	优先净尺寸						
宽度	2400	2700	3000	3300	3600	3900	4200
窗洞口(宽×高)	900×1500、1200×1500	1200×1500、1500×1500	1500×1500	1500×1500、1500×1800	1800×1500、2100×1500	2100×1500、2400×1500	2100×1500、2400×1500

注：一个窗洞口外墙板，主要应用于卧室、厨房、卫生间的外墙等区域。

表 3-9(3) **一个门洞口外墙板优先尺寸(mm)**

项目	优先净尺寸						
宽度	1500	1800	2100	2400	2700	3000	3300
门洞口（宽×高）	900×2400	900×2400	900×2400	1800×2400	1800×2400	1800×2400	1800×2400
宽度	3600	3900	4200	4500	4800	5100	—
门洞口（宽×高）	1800×2400	2100×2400	2400×2400	2700×2400	3000×2400	3300×2400	—

注：一个门洞口外墙板，主要应用于厨房、起居厅、卧室通往阳台的外墙等区域。

表 3-9(4) **带飘窗外墙板优先尺寸(mm)**

项目	优先净尺寸						
宽度	2400	2700	3000	3300	3600	3900	4200
窗洞口（宽×高）	1200×1800	1500×1800	1500×1800	1500×1800、1800×1800	1800×1800、2100×1800	2100×1800、2400×1800	2100×1800、2400×1800

注：带飘窗外墙板，主要应用于卧室外墙等区域。

表 3-10(1) **无洞口装配式隔墙板优先尺寸(mm)**

种类		优先尺寸		
		宽度	高度	厚度
条板隔墙	空心条板	600、900	2400、2500、2600、2700、2800	100、200
条板隔墙	实心条板	600、900	2400、2500、2600、2700、2800	100、150、200

注：无洞口条板隔墙内墙板分为空心条板和实心条板，实心条板主要用于分户墙、套内与公共区域隔墙以及厨房卫生间周边内隔墙，空心条板主要用于套内其余隔墙。

表 3-10(2)　　一个门洞装配式隔墙板优先尺寸(mm)

种类	优先尺寸				
	宽度			高度	厚度
隔墙	1400	1500	1700	2400、2500、2600、2700、2800	100、200
门洞口（宽×高）	800	900	1100	2100	—

注：一个门洞条板隔墙内墙板宜采用实心墙板，用于入户门、户内有通行门洞处的隔墙，门洞常用尺寸包含 800mm、900mm、1100mm，门洞位置宜在墙板构件中间，洞边墙肢不应小于 300mm。

3.2.3　模块化设计

装配式混凝土建筑设计应满足使用者多样化的需求，符合建筑全寿命期的空间适应性要求。建筑平面宜简单规整，宜采取大空间布置方式，并应采用模块和模块组合的设计方法且需符合下列规定(图 3-7、图 3-8)：

(1)套型基本模块应符合标准化与系列化要求；

(2)套型基本模块应满足可变性要求；

(3)基本模块应具有部件部品的通用性；

(4)基本模块应具有组合的灵活性。

装配式混凝土建筑设计在满足平面多样化的前提下，也需要对建筑的立面进行多样化的处理，从而达到建筑立面的多样化、个性化的效果。利用外墙、阳台板、空调板、外窗、遮阳设施和装饰等部件部品进行模块化组合设计；模块应符合少规格、多组合的要求，装配式建筑外墙饰面宜采用装饰混凝土、免抹灰的涂料和在工厂预制的面砖等高耐久性和耐候性的建筑材料及做法，并通过建筑体量、材质肌理、色彩等变化，形成丰富多样的立面效果。

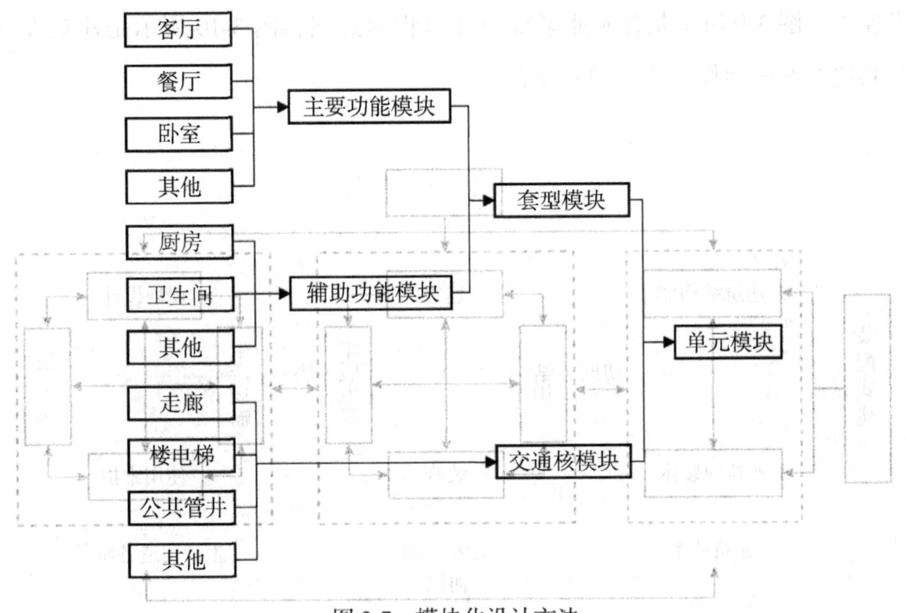

图 3-7 模块化设计方法

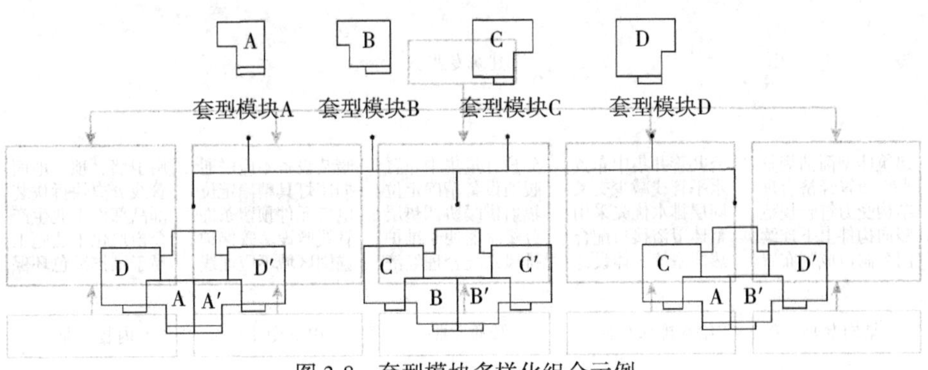

图 3-8 套型模块多样化组合示例

3.2.4 协同设计

装配式混凝土建筑应进行建筑、结构、机电设备、室内装修一体化设计，应充分考虑装配式建筑的设计流程特点及项目的技术经济条件，利用信息化技术手段实现各专业间的协同配合，保证室内装修设计、建筑结构、机电设备及管线、生产、施工形成有机结合的完整系统，实现装配式建筑的各项技术要求。图 3-9 所示是各专业系统设计流程示意图，图 3-10 所示是建筑专业与其他专业协同设计主要内容流程图。

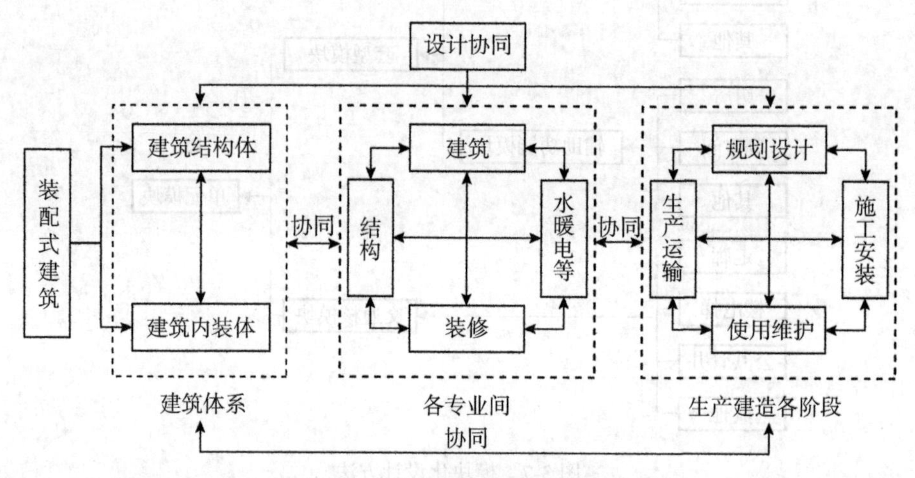

图 3-9　各专业之间协同设计示意

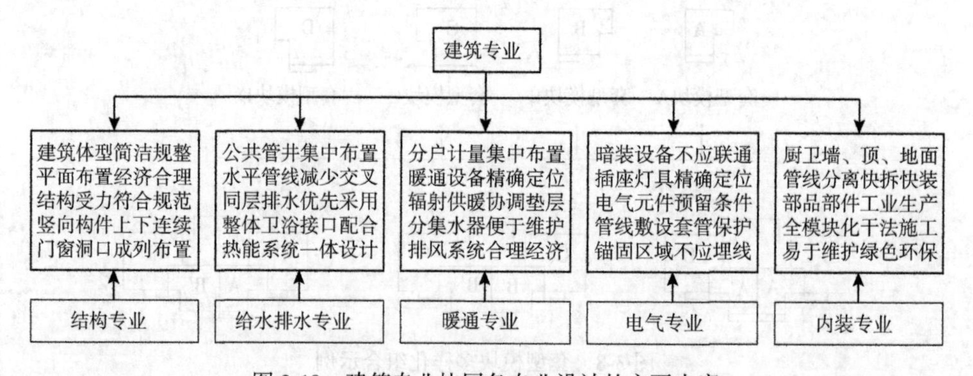

图 3-10　建筑专业协同各专业设计的主要内容

3.3　装配式混凝土结构设计关键技术要点

3.3.1　结构设计分析方法

现阶段装配整体式结构的整体设计方法与现浇结构相同，采用等同原理，实现等同效能，达到"等同现浇"的效果。等同现浇是让装配整体式结构的整体性能可以达到与现浇结构相同或相近。在装配式结构设计时，应考虑在各种设计状况下，装配整体式结构可采用与现浇混凝土结构相同的方法进行结构分析，但注意抗震等级的划分高度与现浇结构不同。当同一层内既有预制又有现浇抗侧力构件时，地震设计状况下宜对现浇抗侧力构件在地震作用下的弯矩和剪力进行适当放大，现浇墙肢水平地震作用弯矩、剪力宜乘以不小于1.1的增大系数。

若装配整体式结构承载能力极限状态及正常使用极限状态的作用效应分析采用弹性方法，当预制构件之间采用后浇带连接且接缝构造及承载力满足《装标》中相应的要求时，按现浇混凝土结构进行模拟；不满足《装标》要求时，应按照实际情况模拟。

进行抗震性能化设计时，结构在设防烈度地震及罕遇地震作用下的内力及变形分析，可根据结构受力状态采用弹性分析方法或弹塑性分析方法。弹塑性分析时，宜根据节点和接缝在受力全过程中的特性进行节点和接缝的模拟。

进行内力和变形计算时，应计入填充墙对结构刚度的影响。当采用轻质墙板填充墙时，可采用周期折减的方法考虑其对结构刚度的影响。非承重外围护墙、内隔墙的刚度对结构的整体刚度、地震力的分布、相邻构件的破坏模式等都有影响，影响大小与维护墙及隔墙的数量、刚度、与主体结构连接的刚度直接相关。因此，围护结构与主体结构的连接方式直接影响结构刚度计算取值。对与主体结构柔性连接，在主体结构完工后二次施工，与主体结构之间存在拼缝的，可参考现浇混凝土结构处理方式采取周期折减的方法考虑其对结构刚度的影响。对于框架结构，周期折减系数可取0.7~0.9；对于剪力墙结构，周期折减系数可取0.8~1.0。

抗震设计时，构件及节点的承载力抗震调整系数γ_{RE}应按照《装规》中表6.1.11中所列数据选用，当仅考虑竖向地震作用组合时，承载力抗震调整系数γ_{RE}应取1.0，预埋件锚筋截面计算的承载力抗震调整系数γ_{RE}应取为1.0。

预制构件进行脱模验算时，等效静力荷载标准值应取构件自重标准值乘以动力系数后与脱模吸附力之和，且不宜小于构件自重标准值的1.5倍，动力系数不宜小于1.2，脱模吸附力应根据构件和模具的实际状况取用，且不宜小于1.5kN/m^2。

预制构件在翻转、运输、吊运、安装等短暂设计状况下的施工验算，应将构件自重标准值乘以动力系数后作为等效静力荷载标准值。构件脱模、翻转、运输、吊运时，动力系数宜取1.5。构件翻转机安装过程中就位、临时固定时，动力系数可取1.2。

3.3.2　装配式结构设计关键技术要点

(1)装配式混凝土结构设计，应在满足建筑使用功能的前提下，实现功能单元的标准化设计，以提高构件与部品的重复使用率，有利于降低造价。

(2)主体结构布置宜简单、规则，承重墙体应上、下对应贯通，平面凹凸变化不宜过多、过深。平面体型符合结构设计的基本原则和要求。

(3)构件设计应综合考虑对装配化施工的安装调节和施工偏差配合的要求，应考虑吊装安装施工的临时支撑的工作面要求以及接缝节点连接做法等。

(4)装配式混凝土结构应以湿式连接为主要技术基础，采用预制构件与部分部位的现浇混凝土以及节点区的后浇混凝土相结合的方式。实现节点设计强接缝、弱构件的原则，使装配式混凝土结构具有与现浇混凝土结构完全等同的整体性、稳定性和延性。

(5)以形成刚性节点的湿式连接为主要技术基础，预制剪力墙优先采用一字形的一维构件设计，当有可靠的设计经验和预制构件的生产、施工经验时，也可采用L形、T形或U形等多维构件设计；预制框架梁、柱可采用一字形的一维构件，当有可靠的设计经验和预制构件的生产、施工经验时，也可采用框架梁、柱与节点一体的T形、十字形等多维构件。

(6)除了对结构刚度、整体稳定性、承载力和经济合理性的宏观限制之外，对于装配式混凝土结构，更重要的是提高结构的抗倾覆能力，减小结构底部在侧向力作用下出现拉力的可能性，避免墙板水平接缝在受剪的同时受拉。

(7)预制混凝土构件和后浇混凝土、灌浆料、坐浆材料的结合面(接缝)应设置粗糙面、键槽，以提高抗剪能力。

(8)接缝处的压力通过后浇混凝土、灌浆料或坐浆材料直接传递；拉力通过由各种方式连接的钢筋、预埋件传递；剪力由结合面混凝土的粘结强度、键槽或粗糙面、钢筋的摩擦抗剪作用、销栓抗剪作用承担。后浇混凝土、灌浆料或坐浆材料与预制构件结合面的粘结抗剪强度往往低于预制构件本身混凝土的抗剪强度。因此，预制构件的接缝一般都需要进行受剪承载力的计算。

(9)装配整体式结构的控制区域梁、柱箍筋加密区，即剪力墙底部加强区部位，接缝要实现强连接，保证不在接缝处发生破坏，即要求接缝的承载力设计值大于被连接构件的承载力设计值乘以强连接系数，强连接系数根据抗震等级、连接区的重要性以及连接类型确定(强连接系数对于抗震等级为一、二级取 1.2，抗震等级为三、四级取 1.1)。

(10)楼梯、电梯核心筒区域的结构墙宜采用现浇，不宜采用预制剪力墙；结构小震计算处于偏心受拉的墙肢不宜采用预制剪力墙，若采用，需验算并采取有效的措施，保证其水平接缝处的抗剪承载力。

(11)装配式混凝土结构设计除充分考虑持久设计状况和地震设计状况外，还应充分考虑制作、运输、安装等短暂设计状况对设计的影响，包括脱模阶段、运输阶段、堆放阶段、吊装阶段以及安装阶段等各阶段的短暂设计状况验算。

(12)装配整体式混凝土结构应进行防连续倒塌设计或采取防连续倒塌的措施。在进行防连续倒塌设计时，可采取的措施包括减小偶然荷载作用的效应、布置可替代的传力途径、增强关键部位的承载能力和变形能力、增加结构冗余度等。结合现浇混凝土结构的设计经验，主要通过概念设计法，从结构体系的备用路径、整体性、延性、连接构造和关键构件的判别等方面进行结构方案和结构布置设计，避免存在易导致结构连续倒塌的薄弱环节，其次通过拉结强度法，将已有构件和连接进行拉结，提供结构的整体牢固性以及荷载的多传递路径。

(13)当纵向钢筋采用套筒灌浆连接时，应在图中注明“钢筋套筒灌浆前，应在现场模拟构件连接接头的灌浆方式，每种规格钢筋的每种型式检验类型应制作不少于 3 个套筒灌浆连接接头型式检验试验，对中接头试件应为 9 个，其中 3 个做单向拉伸试验，3 个做高应力反复拉亚试验，3 个做大变形反复拉亚试验；偏置接头试件3个，做单向拉伸试验；钢筋试件应为3个，做单项拉伸试验”。

3.3.3　预制构件设计拆分原则

(1)在对剪力墙结构进行布置时，多布置L、T型剪力墙，尽量减少在L、T型剪力墙中再加翼缘，特别是外墙，否则预制外墙拆分设计时会被拆分得很零散。

(2)剪力墙与带梁隔墙的连接，主要是为满足梁的锚固长度，在平面内一般不会出现问题，因为往往暗柱留有400~600mm现浇(200厚墙)或者与暗柱一起预制；一字型剪力墙平面外一侧伸出的墙垛一般可取100mm，门垛或者窗垛≥200mm，整体预制时可为0。无论在剪力墙平面内还是平面外，门垛或者窗垛≥200mm或者为0(留刀把)，当梁钢筋锚固采用锚板的形式时，梁纵筋应≤14mm(200厚剪力墙，平面外)，实际设计时，面筋与底筋一般一排只放两根，否则混凝土施工时会比较困难。

(3)预制构件应避开规范规定的现浇区域，拆分时应考虑结构的合理性，预制剪力墙接缝位置选择结构受力较小处；长度较大的构件，拆分时可考虑对称居中拆开(套用性高)。

(4)受现场脱模、堆放、运输、吊装的影响，单构件重量要求尽量差不多，一般不超过6t，高度不宜跨越楼层，长度不宜超过6m，极限为7m，拼缝宽为15~25mm。

(5)门窗处，拆分时应考虑装配式工法的特点，剪力墙端部离门窗边距离为150~250mm。

(6)确定叠合板和整体现浇板的范围(如卫生间和交通核心部分设备管线较为密集，宜采用现浇楼板)；楼板复杂部位(如大开洞、异形、降板等)可考虑现浇。

(7)原则上，一个房间内楼板进行等宽拆分，板宽度控制在2.5m(最大宽度3m)，以方便实际的生产及运输。若板太大，脱模时也容易裂，运输、吊装都会有困难。

(8)楼板拆分位置要考虑房间照明位置，一般灯位、接线盒不宜设置在板缝处。

(9)当叠合板按单向板设计时，应沿板的次要受力方向拆分，将板的短跨方向作为叠合板的支座，沿着长跨方向进行拆分，此时板缝垂直于板的长边；当叠合板按双向板设计时，应在板的最小受力部分拆分，如双向叠合板板侧的整体式接缝宜设置在叠合板的次要受力方向上，且宜避开最大弯矩截面；如双向板尺寸不大，采用无接缝双向叠合板，则仅在板四周与梁或墙交接处拆分。

3.3.4　叠合板设计原则

在装配式建筑设计中，叠合板设计比较常见，也比较常用。叠合楼板是预制板上部在现场通过现浇混凝土叠合而成的楼板。叠合板具有整体性好、刚度大、施工快、节省施工模板等特点，叠合现浇层内可以敷设水平机电设备管线，板底表面平整，易于装修饰面，一定厚度的现浇叠合层可以有效地传递水平力，能有效地保证装配式结构的整体性。因此，在设计叠合板时应注意以下原则：

(1)高层装配整体式混凝土结构地下室顶板宜采用现浇混凝土；结构转换层和作为上部结构嵌固端部位的楼层、平面复杂或开洞较大的楼板宜采用现浇楼盖；屋面层和平面受力复杂的楼层宜采用现浇楼盖，目的均是保证结构的整体性。住宅建筑楼电梯间的公共区域因铺设较多机电管线宜采用现浇楼板，局部下沉不规则的楼板(例如卫生间)采用现浇楼板。

(2)屋面层和平面受力复杂的楼层当采用叠合楼盖时，楼板的后浇混凝土叠合层厚度不应小于100mm，且后浇层内应采用双向通长配筋，钢筋直径不宜小于8mm，间距不宜大于200mm。

(3)叠合板中预制板与现浇叠合层之间的叠合面在外力、温度等作用下，截面上会产生水平剪力，需配置截面抗剪构造钢筋来保证水平截面的抗剪能力，大跨度板、有相邻悬挑板的上部钢筋锚入等情况，叠合面的水平剪力尤其大，桁架钢筋是最常见的截面抗剪钢筋，也可采用马凳形状钢筋，钢筋直径、间距及锚固长度应满足叠合面抗剪的需求。

(4)叠合板中桁架钢筋应沿楼板主要受力方向布置。桁架钢筋距板边不应大于300mm，间距不宜大于600mm；桁架钢筋弦杆钢筋直径不宜小于8mm，腹杆钢筋直径不应小于4mm；桁架钢筋弦杆混凝土保护层厚度不应小于15mm。实际工程的经验表明，桁架钢筋宜尽量放置在板边，这样可有效提升预制板的刚度，增加预制板在制作、运输、吊装过程中的承载力，降低构件的破损率。

(5)考虑到预制板在脱模、吊装、运输、施工过程中的承载力及安全等因素，叠合板的预制板厚度不宜小于60mm。考虑到楼板的整体性要求以及设备管线预埋、钢筋铺设、施工误差等因素，后浇混凝土叠合层厚度不应小于60mm，工程中大多采用70mm。

(6)跨度大于3m的叠合板，宜采用桁架钢筋混凝土叠合板；跨度大于6m的叠合板，宜采用预应力混凝土预制板；板厚大于180mm的叠合板，宜采用混凝土空心板，在预制板上设置各种轻质模具，浇筑混凝土后形成空心，减轻楼板自重，节约材料。当叠合板的预制板采用空心板时，板端空腔应封堵。

(7)在结构内力与位移计算中，可假定楼盖在其自身平面内为无限刚性。当楼面受力比较复杂时，应复核地震作用下叠合板拼缝处混凝土的拉应力，并满足小震弹性、大震不倒的设防目标。

(8)单向叠合板板侧的分离式接缝宜配置附加钢筋(图3-11)，接缝处紧邻预制板顶面宜设置垂直板缝的附加钢筋，附加钢筋伸入两侧后浇混凝土叠合层的锚固长度不应小于$15d$(d为附加钢筋直径)，附加钢筋截面面积不宜小于预制板该方向钢筋面积，钢筋直径不宜小于6mm，间距不宜大于250mm。工程实践经验表明，考虑到施工误差，工程中较少采用密缝，多采用拉开30~50mm的后浇小接缝(图3-12)，可在一定程度上弥补构件公差及施工误差引发的施工困难，接缝处的施工质量亦会好于密拼接缝。用于后浇小接缝的预制板可不设倒角，方便制作。

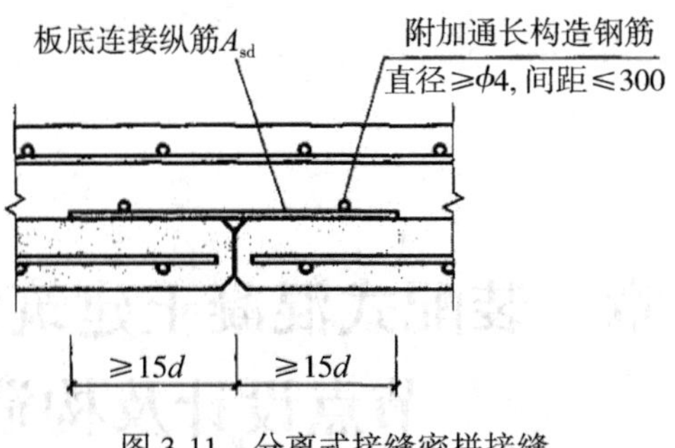

图 3-11 分离式接缝密拼接缝

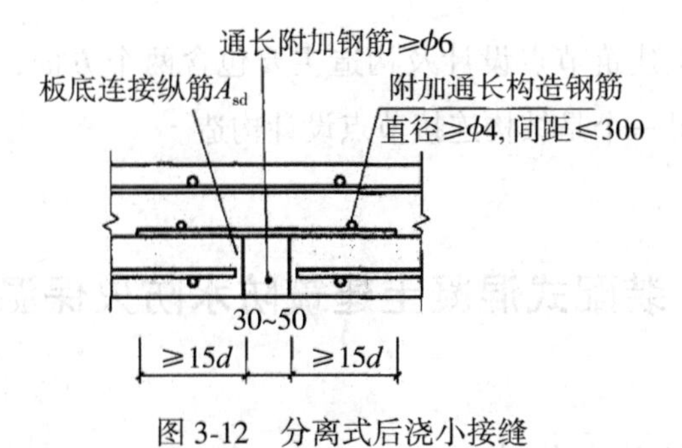

图 3-12 分离式后浇小接缝

(9)双向叠合板板侧的整体式接缝宜设置在叠合板的次要受力方向上且宜避开最大弯矩截面。接缝可采用后浇带形式，并应符合《装配式混凝土结构技术规程》(JGJ 1—2014)第 6. 6. 6 条的规定。

(10)预制楼板板缝布置原则：

①在板的次要受力方向拆分，板缝应垂直于板的长边；

②板缝的分缝位置不应放在受力较大位置；

③板缝应避开灯具、接线盒、吊扇位置；

④板的宽度不超过运输和生产线模台宽度限制；

⑤尽量减少楼板规格，宜取相同宽度；

⑥板的宽度不超过运输和生产限值(≤3. 5m)。

第4章　装配式混凝土建筑结构节点设计及构造

装配式混凝土建筑节点设计及构造主要包含两个方面，一个是建筑防水防火保温构造，另一个是结构连接节点设计构造。

4.1　装配式混凝土建筑防水防火保温构造

4.1.1　楼板防水构造

《装规》第5.4.8条规定：设备管线穿楼板的部位，应采取防水、防火、隔声等措施。对于厨房、卫生间等用水房间，管线敷设较多，条件较为复杂，设计时应提前考虑，可采用现浇混凝土结构。如果采用叠合楼板，预制构件留洞、留槽、降板等均应协同设计，提前在工厂加工完成。若现浇层敷设管线较多，考虑存在交叉现象，现浇层的厚度至少需要80mm。采用架空地板的须预留检修盖板，并推荐使用柔性防水材料。

4.1.2　预制外墙构件防水构造

预制外墙板接缝的处理以及连接节点的构造设计是影响外墙物理性能的关键。预制装配式建筑外墙的防水设计应采用多道防线，其中密封防水是第一道防线，外墙接缝中填充各种密封材料形成防水层；造防水是第二道防线，将接缝设计成合适的大小与结构，可以降低水分运动的作用力；剪力墙结构的现浇混凝土或外墙挂板内侧的气密条属于第三道防线，可采用构件生产时胶条与混凝土一次成型或生产时在构件上留槽、安装时贴上胶条的方式实现。预制外墙板的各类接缝设计应施工方便、坚固耐久、构造合理，并应结合本地材料、制作及施工条件进行综合考虑。预制外墙板的接缝及连接节点处，应保持墙体保温性能的连续性。有保温或隔热要求的装配式建筑外墙，应采取防止形成热桥的构造措施。

外墙水平接缝的防水设计应在外墙接缝的迎水面填充密封材料，在背水面一侧使用特定密封条或者灌浆的形式，形成两道材料防水。在两道材料防水之间，增加一道构造防水，可以极大限度地增强防水效果。水平接缝防水密封工艺如图 4-1 所示。将水平接缝设置成内高外低的企口构造，可以降低雨水运动的能量(重力、表面张力、毛细作用等)，即使外层的材料密封遭到破坏，雨水也无法由室外转移到室内。由此形成的空腔有利于渗入的雨水排向垂直接缝的排水口。

外墙垂直接缝的防水同样应在室内外两侧做两道材料防水，防水密封工艺如图 4-2 所示。两道密封中间设置减压空腔构造，并且在垂直接缝处增加排水口设计，即使外层材料密封被破坏，渗入空腔的雨水也可以通过下部的排水口排除，达到防水密封的作用。排水口设计通常是在外墙嵌填密封材料时预留开水口，在开口处插入导水管而成。

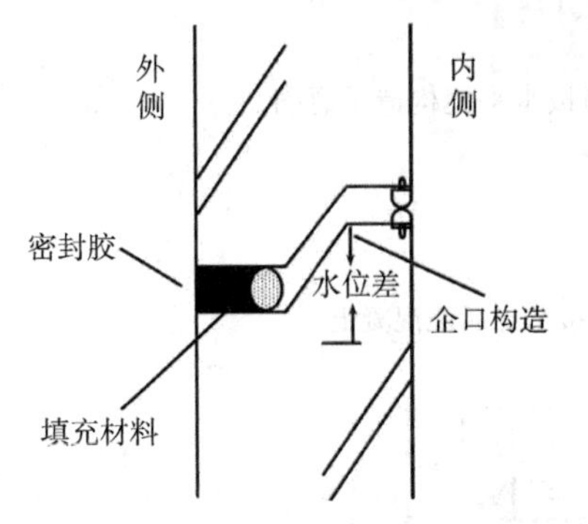

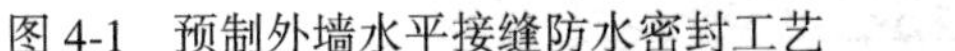
图 4-1 预制外墙水平接缝防水密封工艺

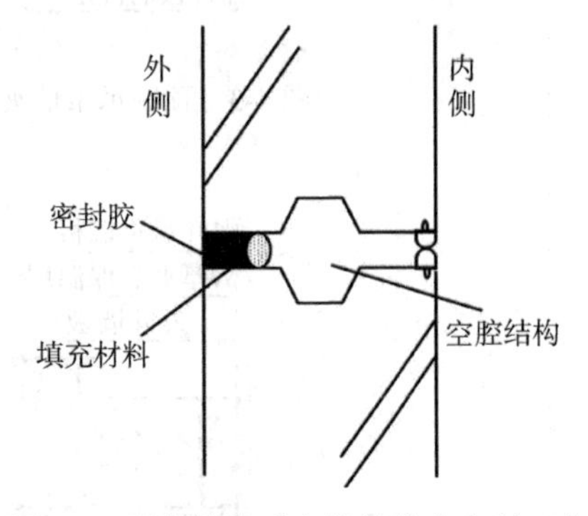

图 4-2 预制外墙垂直接缝防水密封工艺

对于夹心外墙板，当内叶墙板为承重墙、相邻夹心外墙板间浇筑有后浇筑混凝土时，在夹心层中保温材料的接缝处，应选用符合防火要求的保温材料填充。当围护结构为外挂墙板时，与梁、柱、楼板等连接处应选用符合防火要求的保温材料填塞。

预制外墙板板缝应采用构造防水为主、材料防水为辅的做法。嵌缝材料应在延伸率、耐久性、耐热性、抗冻性、粘结性、抗裂性等方面满足接缝部位的防水要求。构造防水是采取合适的构造形式阻断水的通路，以达到防水的目的。可在预制外墙板接缝外口处设置适当的线性构造，比如水平缝可将下层墙板的上部做成凸起的挡水台和排水坡，嵌在上层墙板下部的凹槽中，上层墙板下部设披水构造；在垂直缝处设置沟槽等。也可形成截断毛细管通路的空腔，利用排水构造将渗入接缝的雨水排出墙外等措施，防止雨水向室内的渗漏。墙板水平接缝宜采用高低缝或企口缝构造(图 4-3、图 4-5)；墙板竖缝可采用平口或槽口构造(图 4-4、图 4-6)。

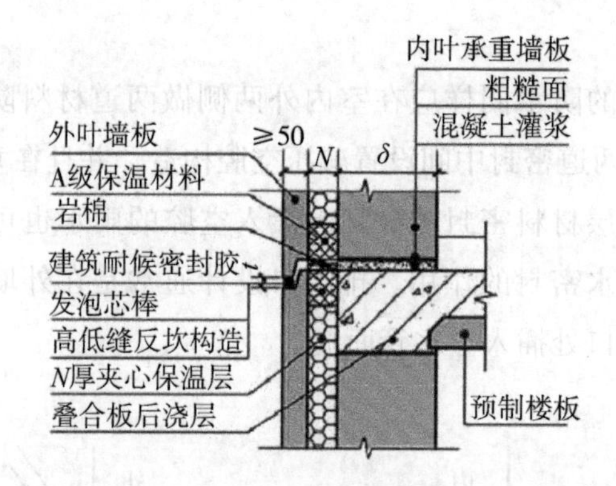

图 4-3　预制承重墙夹心外墙板水平缝构造示意图

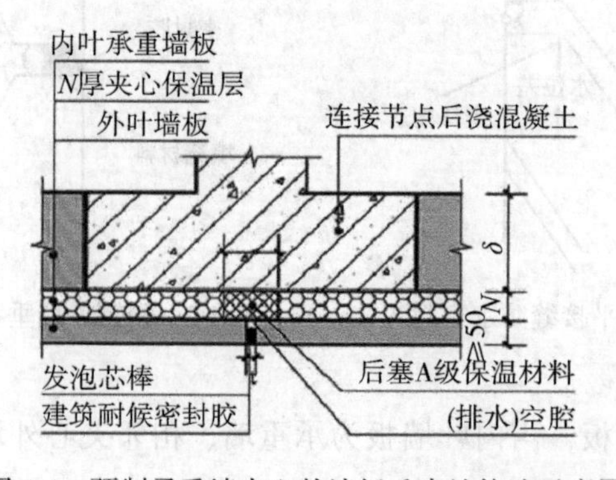

图 4-4　预制承重墙夹心外墙板垂直缝构造示意图

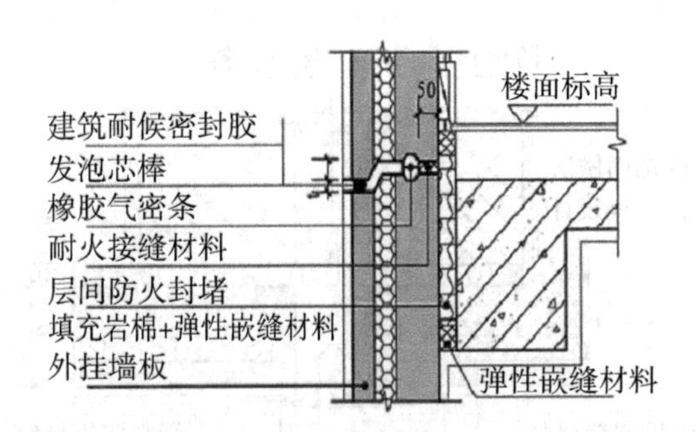

图 4-5 外挂墙板水平缝构造示意图

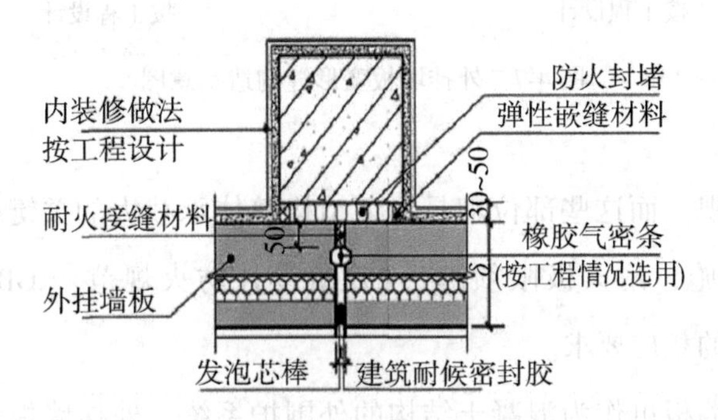

图 4-6 外挂墙板垂直缝构造示意图

外墙变形缝的构造设计应符合建筑相应部位的设计要求。有防火要求的建筑变形缝应设置阻火带，采取合理的防火措施；有防水要求的建筑变形缝应安装止水带，采取合理的防排水措施；有节能要求的建筑变形缝应填充保温材料，符合国家现行节能标准的要求。图 4-7 所示为外挂墙板变形缝构造示意。

4.1.3 预制外墙构件防火构造

预制外墙节点外露部位应采取防火保护措施。预制外墙板作为围护结构，应在与各层楼板、防火墙、隔墙相交部位设置防火封堵措施。对于装配式钢筋混凝土结构，其节点缝隙和明露钢支撑构件部位一般是构件的防火薄弱部

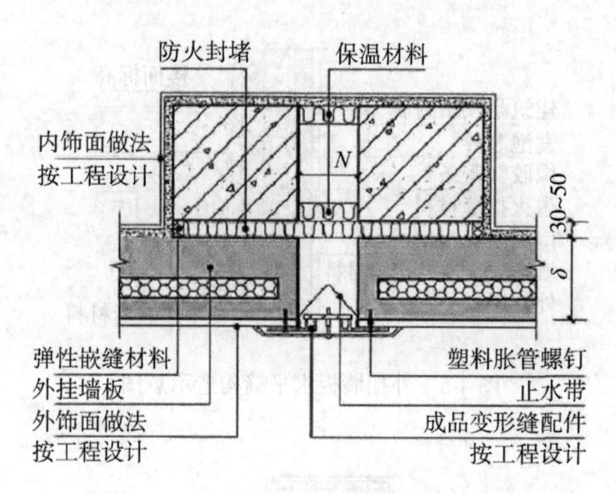

图 4-7　外挂墙板变形缝构造示意图

位，容易被忽视。而这些部位却是保证结构整体承载力的关键部位，要求采取防火保护措施，耐火极限须满足《建筑设计防火规范》(GB 50016—2014(2018 年版))的相应要求。

预制外挂墙板可作为混凝土结构的外围护系统，外挂墙板自身的防火性能较好，但在安装时梁、柱及楼板周围与挂板内侧通常要求留有 30～50mm 的调整间隙，间隙如不采取一定的防火措施，则遇火时火势会蔓延，难以扑救，故应按照防火规范的要求，对间隙采取相应的防火构造措施。外挂墙板与周边构件之间的缝隙，与楼板、梁柱以及隔墙外沿之间的缝隙，都要采用具有弹性和防火性能的材料填塞密实，要求不脱落、不开裂(图 4-8)。

预制混凝土夹心保温外墙，墙体同时兼有保温的作用。保温层处于结构构件内部，保温层与两侧的墙体及结构受力体系之间不存在空隙或空腔，且共同作为建筑外墙使用。建筑的保温系统中应尽量采用燃烧性能为 A 级的保温材料，A 级材料属于不燃材料；当采用燃烧性能为 B_1、B_2 级的保温材料时，必须采用严格的构造措施进行保护，保温层外侧保护墙体应采用不燃材料且厚度不应小于 50mm(图 4-9)。

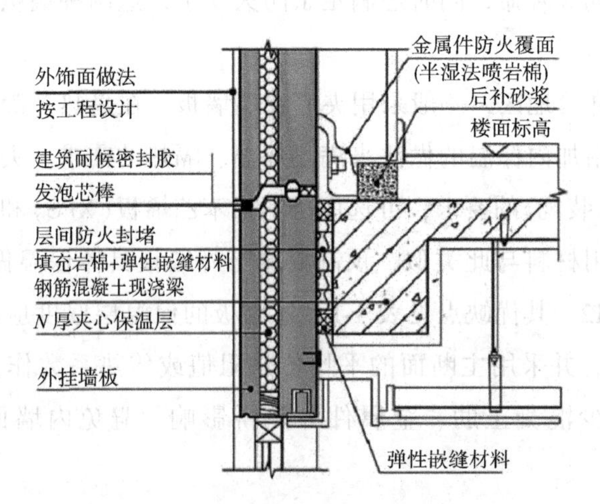

图 4-8　外挂墙板层间防火封堵构造示意图

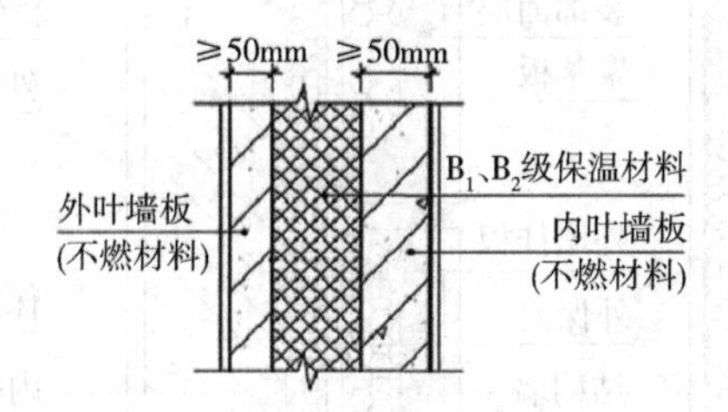

图 4-9　预制钢筋混凝土夹心保温外墙示意图

4.1.4　预制外墙构件保温构造

墙体保温是建筑节能的重要一环，也是装配式建筑预制混凝土外墙进行结构、保温、装饰一体化设计的重要部分。对于装配式混凝土建筑，预制外墙板具有工厂化生产的优势，保温做法更强调保温、围护一体化，保温性能好、耐久时间长。预制混凝土外墙板一般有单叶墙板和夹心保温墙板(三明治板)两种类型，前者不附加保温层，后者在内、外叶墙板之间放置保温板，将围护结构和保温材料集成于一体，在工厂内一次生产完成，装配时一次吊装完成，不需另作保温工序。三明治墙板由于外叶墙板的存在，使得保温层与维护墙体具有同等寿命，同时还满足了防火要求，这两种墙板适合于承重和非承重的外墙板。

在严寒、寒冷地区，一般采用夹心保温墙板；在夏热冬暖地区，多采用在单叶墙板内附加内保温的做法来满足保温、隔热的需求。夹心保温板内保温材料应满足《装规》的要求，可选用挤塑聚苯乙烯板（XPS）和发泡聚苯乙烯板，内保温选用材料与此类似，预制混凝土外墙板具体保温做法见图4-10、图4-11、图4-12，其优缺点见表4-1。外墙板的保温层厚度应根据节能设计要求计算确定，并采用主断面的平均传热阻值或传热系数作为其热工设计值，应尽量减少混凝土肋、金属件等热桥影响，避免内墙面或墙体内部结露。

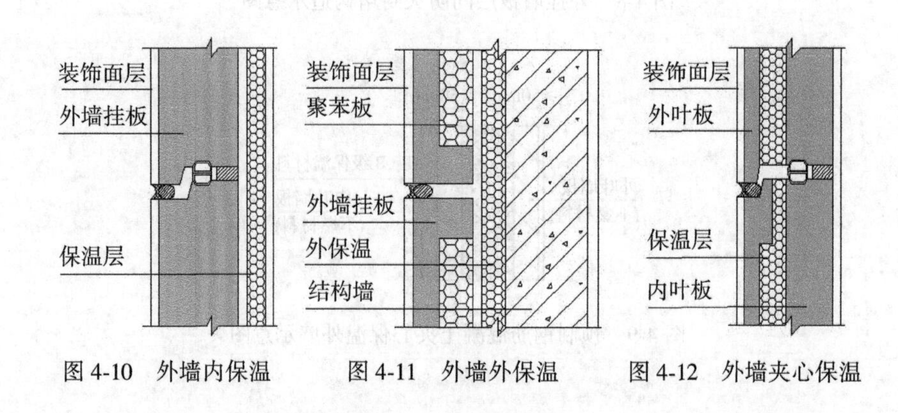

图4-10　外墙内保温　　图4-11　外墙外保温　　图4-12　外墙夹心保温

表4-1　**各种保温形式的优缺点**

保温形式	PC外墙内保温	PC外墙外保温	PC外墙夹心保温
优点	现场室内作业，不用外脚手架，施工方便；不受天气影响，施工速度快；避免了紫外线照射，可延长使用寿命；有利于防火安全，不易造成蔓延性火灾	基本消除了热桥影响，保温效果好；不影响室内装修	保温材料耐久性好，使用寿命长；有利于防火安全；省去了现场铺贴的施工环节；不影响室内装修改造

续表

保温形式	PC 外墙内保温	PC 外墙外保温	PC 外墙夹心保温
缺点	一般结合精装交付，不便于住户装钉吊挂重物；局部出现热桥结露，不宜在严寒地区应用	保温与 PC 板之间采用锚打连接，易成为外墙渗水源；保温易开裂、易脱落、耐久性差；外装饰材料有限制(外墙贴砖时工艺要求高)；保温板铺贴工艺要求高，多为满粘法，龙骨配件等用量多；需用外脚手架，受天气影响大，高层施工不便	仍然存在局部热桥；保温材料无法进行二次更换；预制构件生产成本较高
常用保温材料	保温砂浆、聚氨酯板、EPS 板	保温砂浆、陶粒保温板、钢丝网水泥泡沫板、EPS 板、硬泡聚氨酯保温板	YT 无机活性墙体保温隔热材料、绝热泡沫玻璃、EPS 板、聚氨酯板、STP 保温板

4.2 装配式混凝土结构节点连接和构造

4.2.1 叠合梁节点构造

当采用叠合梁时，框架梁的现浇层混凝土厚度不宜小于 150mm，次梁的现浇层混凝土厚度不宜小于 120mm；当采用凹口截面预制梁时，凹口深度不宜小于 50mm，凹口边厚度不宜小于 60mm(图 4-13)；抗震等级为一、二级的叠合框架梁的梁端箍筋加密区宜采用整体封闭箍筋；当叠合梁受扭时宜采用整体封闭箍筋，且整体封闭箍筋的搭接部分宜设置在预制部分。若采用组合封闭箍筋，开口箍的弯钩的构造要求需满足相应规范要求。

主次梁的连接可采用三种类型设计：主梁预留槽口方式(图 4-14)、主梁设置挑耳方式(图 4-15)、主梁设置牛担板方式(图 4-16)。

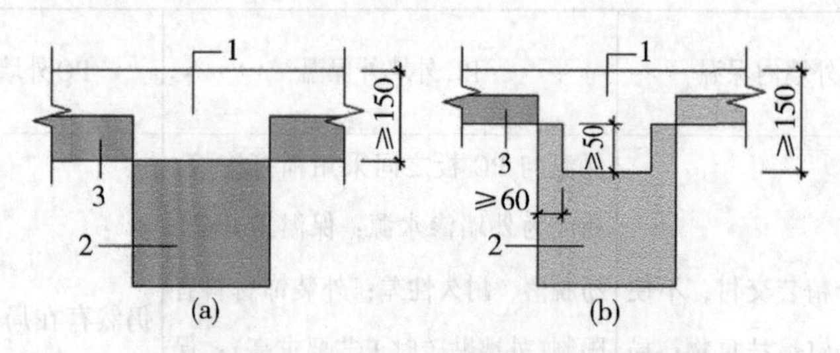

（1—后浇混凝土叠合层；2—预制梁；3—预制板）

图 4-13　叠合框架梁梁截面示意图

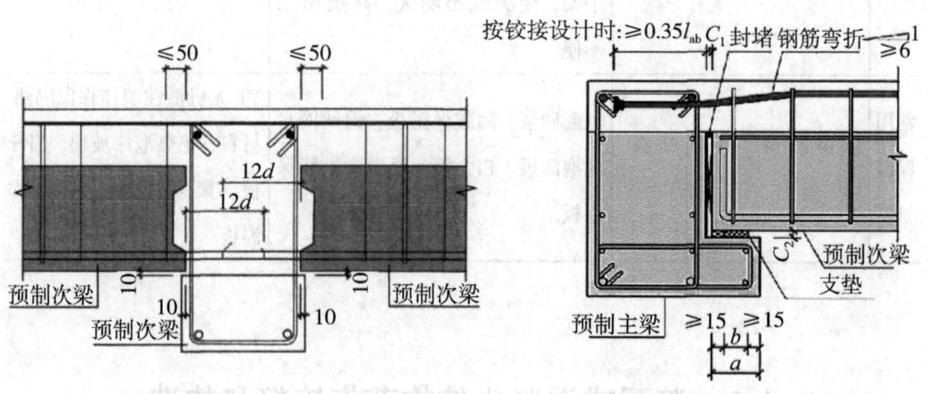

图 4-14　叠合梁主次梁连接构造图（主梁预留槽口方式）

图 4-15　叠合梁主次梁连接构造图（主梁设置挑耳方式）

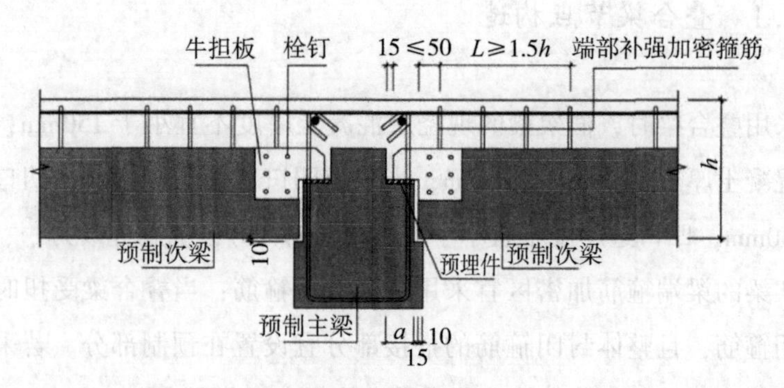

图 4-16　叠合梁主次梁连接构造图

（主梁设置牛担板方式）

目前，对于主次梁的连接形式，在规范中未明确给出主梁设置挑耳、次梁企口端的设计方法，包括主梁设置牛担板的方式。对荷载较大、次梁腹板较薄的情况，设计时应慎重考虑，对于边梁的抗扭也应仔细考虑。

4.2.2 预制柱节点构造

矩形柱截面边长不宜小于400mm，圆形柱截面直径不宜小于450mm，且不宜小于同方向梁宽的1.5倍。柱纵向受力钢筋在柱底连接时，柱箍筋加密区长度不应小于纵向受力钢筋连接区域长度与500mm之和；当采用套筒灌浆连接或浆锚搭接连接等方式时，套筒或搭接段上端第一道箍筋距离套筒或搭接段顶部不应大于50mm(图4-17)。

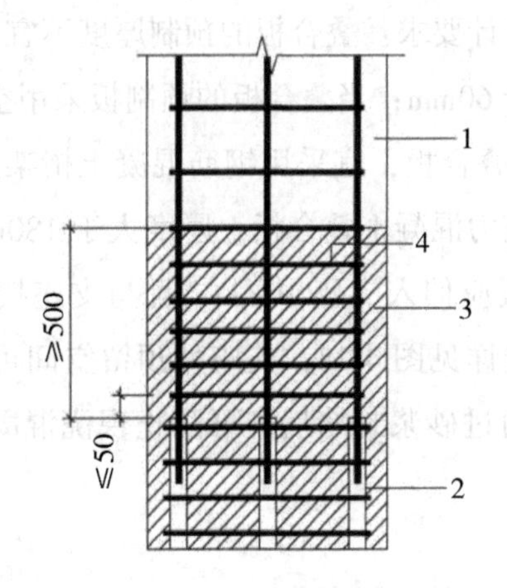

(1—预制柱；2—套筒灌浆连接接头；3—箍筋加密区(阴影区域)；4—加密区箍筋)

图4-17 采用套筒灌浆连接时柱底箍筋加密区构造

柱纵向受力钢筋直径不宜小于20mm，纵向受力钢筋的间距不宜大于200mm且不应大于400mm。柱的纵向受力钢筋可集中于四角配置且对称布置。柱中可设置纵向辅助钢筋且直径不宜小于12mm和箍筋直径；当正截面承载力计算不计入纵向辅助钢筋时，纵向辅助钢筋可不伸入框架节点。

装配整体式框架结构中，预制柱的纵向钢筋连接应符合以下规定：当房屋高度不大于12m或层数不超过3层时，可采用套筒灌浆、浆锚搭接、焊接等连接方式；当房屋高度大于12m或层数超过3层时，宜采用套筒灌浆连接。柱底接缝宜设置在楼面标高处，后浇节点区混凝土上表面应设置粗糙面；柱纵向受力钢筋应贯穿后浇节点区；柱底接缝厚度宜为20mm，并应采用灌浆料填实。

4.2.3 叠合板节点构造

采用不同形式和厚度的叠合板，其受力性能有所不同。按照《装规》，叠合板分有桁架钢筋的普通叠合板和无桁架钢筋的普通叠合板。有桁架钢筋的普通叠合板和无桁架钢筋的普通叠合板的构造，详见《装规》第6.6.7条和第6.6.8条的要求。

叠合板通用构造设计要求：叠合板的预制厚度不宜小于60mm，后浇混凝土叠合层厚度不应小于60mm；当叠合板的预制板采用空心板时，板端空腔应封堵；跨度大于3m的叠合板，宜采用钢筋混凝土桁架叠合板；跨度大于6m的叠合板，宜采用预应力混凝土叠合板；厚度大于180mm的叠合板，宜采用混凝土空心板。叠合板应伸入支座10mm，且与支座接触面部位预留10mm，叠合板与支座连接构造详见图4-18，支座处预留空间可以提供砂浆封堵的施工空间，支座处板缝通过砂浆封堵后，可防止现浇混凝土时漏浆，还可以防止误差累积。

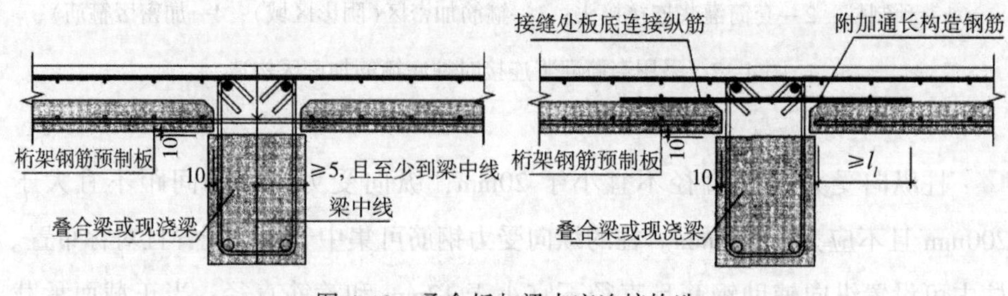

图4-18 叠合板与梁支座连接构造

叠合板的整体受力性能与楼板的尺寸、后浇层与预制板的厚度比例、接缝钢筋数量叠合面粗糙程度等因素有关。板缝接缝边界由于是后浇形式，不等同于整体式，因此主要传递剪力，在传递弯矩性能方面较差，在没有可靠依据时，可偏于安全地按照单向板进行设计，接缝钢筋按构造要求确定，其主要目的是保证接缝处不发生剪切破坏，控制好接缝处裂缝延伸。当叠合板遇到跨度较大、有相邻悬挑板的上部钢筋锚入等情况时，叠合面上会受到外力温度等变化，会使截面产生较大的水平剪力，因此，需配置界面抗剪构造钢筋来保证水平面的抗剪能力。当没有桁架钢筋时，需配置抗剪钢筋，如马镫形状钢筋，且钢筋直径、间距及锚固长度应满足叠合面抗剪的要求（图4-19）。

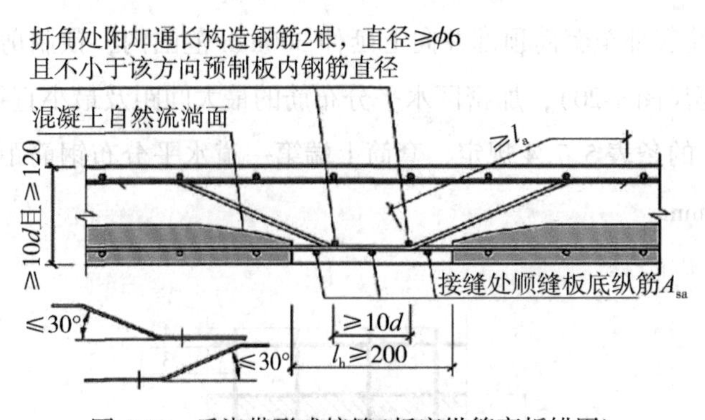

图 4-19 后浇带形式接缝（板底纵筋弯折锚固）

双向叠合板板侧的整体式接缝既要避开最大弯矩截面又要避开最大受力处，接缝可采用后浇带形式。在预制构件之间及预制构件与现浇及后浇混凝土的接缝处，当受力钢筋采用安全可靠的连接方式，且接缝处新旧混凝土之间采用粗糙面、键槽等构造措施时，结构的整体性能与现浇结构类同，设计中可采用与现浇结构相同的方法进行结构分析，并根据相应规范的相关规定对计算结果进行适当的调整。叠合板中预制板板侧外露钢筋连接形式有两种，分别是支座连接、后浇带连接；当底板板侧外露钢筋采用支座连接时，其外露钢筋长度至少要满足 5d（d 为外伸钢筋直径）且过梁或墙中心线，若底板的板侧外露钢筋过短，则会不满足规范设计要求，影响整体结构性能；当底板板侧外露钢筋采用后浇带连接时，其外露钢筋长度要满足后浇带宽度-10mm，若底板的板侧外露钢筋过短，则会不满足规范设计要求，影响整体结构性能，过长会导致底板侧钢筋无法放置到后浇带中，尤其当外露钢筋带有135°或90°弯钩时，更难放进后浇带中，且现场处理起来更加复杂，会增加施工的难度；综上所述，可以看出控制好外漏钢筋长度尤为重要，其长度控制在±5mm以内是符合规范要求的。

4.2.4　预制剪力墙节点构造

为保证预制墙板在形成整体结构之前的刚度及承载力，对预制墙板边缘配筋应适当加强，形成墙板约束框。当预制剪力墙竖向钢筋采用套筒灌浆连接时，自套筒底部至套筒顶部并向上延伸300mm范围内，预制剪力墙的水平分布筋应加密(图4-20)，加密区水平分布筋的最大间距及最小直径应符合《装标》第5.7.4的条表5.7.4规定，套筒上端第一道水平分布钢筋距离套筒顶部不应大于50mm。

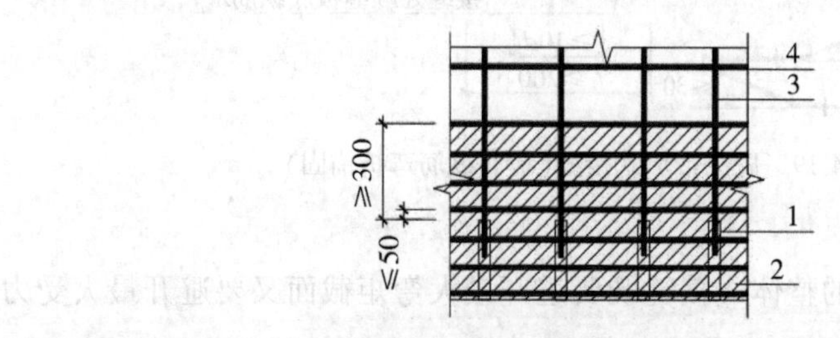

(1—灌浆套筒；2—水平分布钢筋加密区阴影区域)；3—竖向钢筋；4—水平分布钢筋)

图4-20　钢筋套筒灌浆连接部位水平分布钢筋加密区构造示意图

预制剪力墙的连梁不宜开洞，当需开洞时，洞口宜预埋套管，洞口上下截面的有效高度不宜小于梁高的1/3，且不宜小于200mm。被洞口削弱的连梁截面应进行承载力验算，洞口处应配置补强纵向钢筋和箍筋，补强纵向钢筋的直径不应小于12mm。

端部无边缘构件的预制剪力墙，宜在端部配置2根直径不小于12mm的竖向构造钢筋；沿该钢筋竖向应配置拉筋，拉筋直径不宜小于6mm、间距不宜大于250mm。边缘构件是保证剪力墙抗震性能的重要构件，且钢筋较粗，为满足构件的强度要求，每根钢筋应各自连接。在构件设计时，通常剪力墙拆分时现浇混凝土接缝区域与剪力墙的边缘构件区域又不完全重合，部分边缘构件区域被划分为预制构件范围。预制边缘构件内竖向钢筋有时会很大。为便于施工，可以选取直径较大的钢筋集中布置在边缘构件角部，中间布置分布钢筋(通常采用直径为10mm的钢筋)。在进行构件承载力计算时，分布钢筋不参与计算。位于现浇区域与预制区域边界处的钢筋尽量布置在现浇区域，以减少套筒灌浆连接的钢筋数量(图4-21)。剪力墙竖向钢筋最大净距不得大于300mm，采用套筒灌浆连接的钢筋直径不得大于40mm。预制剪力墙连接设计构造详见《装规》及《装标》的相关规定。

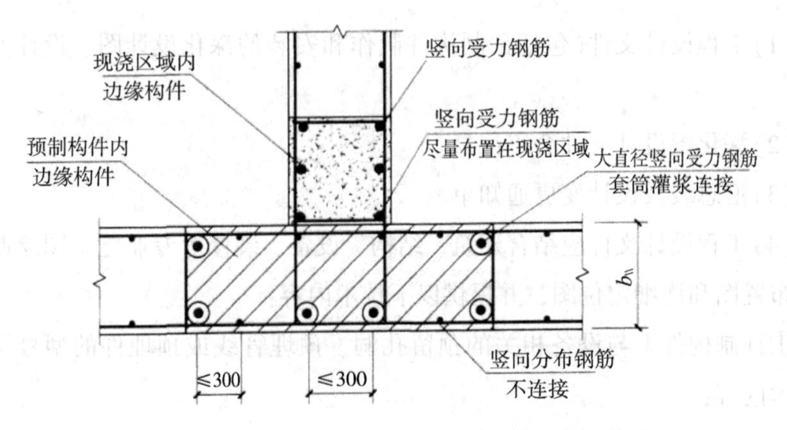

图4-21 预制剪力墙边缘构件竖向钢筋连接示意图

预制墙体与现浇梁节点连接时，选择采用剪力墙设置梁槽，预留梁架，现场浇筑完成节点连接。梁槽的高度应设在460mm左右，其宽度应与现浇梁宽度一致，剪力墙支承长度应与墙厚相适应。根据设计规范，设计者需要将剪力墙及其平面交叉楼面梁的连接考虑在内。与此同时，将现浇梁纵向钢筋嵌入现浇梁与剪力墙顶暗梁中，并以钢筋伸长为依据进行配筋设计，应保证其与锚固长度的一致性。

4.3　深化设计要点

深化设计是指在遵守国家相关设计规范和行业标准的前提下，在原设计方案、施工图纸的基础上，结合项目实际情况，对图纸进行完善和补充，使图纸达到能准确指导施工的要求。装配式混凝土结构的深化设计主要为施工图设计、构件生产、施工安装等进行服务，要求设计能准确指导现场生产和安装施工。

4.3.1　深化设计文件要求

(1)工程设计文件(包括预制构件制作和安装的深化设计图、设计变更文件)。

(2)深化图设计文件会审记录。

(3)汇总表及设计变更通知单。

(4)工程设计文件应结合建筑、结构、设备、装修等专业施工图绘制设备管线布置图和详细定位图，并提供以下技术内容：

①预制构件上与设备相关的预留孔洞、预埋管线或预埋件的型号及定位等技术内容；

②与管线分离有关的技术内容；

③与装修一体化相关的技术内容；

④采用的集成厨房或集成卫生间相关技术内容等。

4.3.2　预制构件深化设计主要内容

预制构件深化设计应依据施工图设计文件进行深化，构件设计深度应满足工厂制作、施工装配等相关环节的技术和安全要求。内容包含加工说明、预制构件平面布置(拆分)、构件加工大样、构件配筋、设备管线布置、材料表等。预制构件中各种预埋件、连接件设计应准确、清晰、合理，并完成预制构件在短暂工况状况下的设计验算。

1. 深化设计文件应包含的内容

(1)预制构件的平面布置图，包括预制构件编号、节点索引、明细表等内容；

(2)预制构件模板图；

(3)预制构件配筋图；

(4)预制构件连接构造大样图；

(5)建筑、机电设备、精装修等专业在预制构件上的预留洞口、预埋管线、预埋件和连接件等的设计综合图；

(6)预制构件制作、安装施工的质量验收要求；

(7)连接节点施工质量检测、验收要求。

2. 深化设计文件要求

(1)预制构件生产单位根据设计图纸进行预制构件的拆分深化设计，构件的拆分应在保证结构安全的前提下，尽可能减少构件的种类，减少工厂模具的数量。

(2)预制构件制作前应进行深化设计，深化设计文件应根据项目施工图设计文件及选用的标准图集、生产制作工艺、运输条件、安装施工要求等进行编制。

(3)预制构件线图中的各类预留孔洞、预埋件和机电预留管线须与相关专业图纸仔细核对无误后，方可下料制作。

(4)深化设计文件应提交设计单位审查，经设计单位书面确认后方可作为生产依据。

(5)深化设计的工作内容应将各方需求转换为具有较强可操作性、且设计合理的施工图纸，这一过程必然涉及各专业交叉协同等问题。

- 深化设计与全专业设计阶段协同：

项目在深化设计过程中，首先从建筑方案入手，依据建筑工业化项目的设计原则，在平面拆分图重点表达构件与主体连接方式以及构件与构件之间联系方式，立面拆分图表示饰面材料排布详图，同时对构件接缝防水做法进行重点处理。考虑到传统二次砌筑材料设置的抗震构造拉结筋对预留预埋产生的影响，建议二次砌筑墙体采用预制轻质条板隔墙。针对门窗栏杆、空调板、GRC外饰面等小型金属预制构件，在深化设计过程中考虑上述埋件定位与其他预留预埋及钢筋的冲突，尽量实现一埋多用。

在构件层面，项目涉及的预制构件主要有叠合板、预制梁柱，预制主梁底部钢筋结合使用弯钩锚固+锚固板锚固，解决梁柱节点钢筋避让的问题；预制主梁两端设置剪力键槽，预制梁与现浇层结合面及预制次梁端面均做粗糙面处理。主次梁节点设置为铰接，次梁采用牛担板企口梁与主梁连接，施工过程简单、高效；预制柱主筋采用大直径、大间距原则集中布置于四角，并补充相应构造钢筋，箍筋采用网格箍形式，构造简单且生产过程高效。

电气专业的深化设计主要针对预制柱及叠合板，在深化设计阶段必须重点考虑电管、线盒的材质问题。建议采用BIM技术，进行场地设计、建筑性能化分析、BIM标准化设计、预制构件设计建模，建立预制构件库，建立机电部品库等工作，从而保证深化设计图纸的精确性和可实施性。

- 深化设计与生产阶段协同

深化设计阶段首先应考虑模板设计与加工的合理性，以及生产过程中模板安装与紧固措施。生产阶段主要需要考虑的预留预埋有构件脱模起吊埋件、保温拉结件等。无论预制构件生产还是现场施工的钢筋加工和安装，均应逐步推广使用机械加工和钢筋骨架安装等方式。这就需要从设计源头上，对结构构件的配筋构造设计进行必要的改进。为满足钢筋的标准化加工的需求，建议采用焊接封闭箍筋，这样能较显著地提高生产效率。

- 深化设计与施工阶段协同

深化设计在施工阶段的设计要点主要有：

①构件吊装主要考虑起吊位置及起吊方式，确定吊点定位时须将起吊点位置设置于构件重心处，确保起吊阶段受力均匀合理；同时应根据预制构件重量合理选用起重设备，起重设备应满足预制构件吊装重量和作业半径的要求；

②装配式项目现浇节点的模板支设一般需要在预制构件上进行预留预埋，为此须与现浇部分的模板支设方式协调统一；

③施工安全防护架、塔吊扶壁、构件临时支撑都可能会在预制构件上进行预留预埋。

(6)预制构件节点及接缝处后浇混凝土强度等级不应低于被连接预制构件混凝土的较高强度等级，且应采用无收缩混凝土。重视预制构件与预制构件、预制构件与现浇结构之间节点的设计，需参考国家规范图集并考虑现场施工的可操作性，保证施工质量，同时避免复杂连接节点造成现场施工困难。

(7)预埋件和连接件等外露金属件应按不同环境类别进行封闭或防腐、防火处理，并应符合耐久性要求。

(8)预制构件的设计还应满足下列规定：

①对持久设计状况，应对预制构件进行承载力、变形和裂缝控制验算；

②对地震设计状况，应对预制构件进行承载力验算；

③对制作、运输和堆放、安装等短暂设计工况下的预制构件验算，应符合现行国家标准《混凝土结构工程施工规范》(GB 50666)的有关规定。

(9)当预制构件中钢筋的混凝土保护层厚度大于50mm时，宜对钢筋的混凝土保护层采取有效的构造措施。

(10)用于固定连接件的预埋件与预埋吊件、临时支撑用预埋件不宜兼用；当兼用时，应同时满足各种设计工况要求。预制构件中预埋件的验算应符合现行国家标准《混标》(GB/T 50010)、《钢结构设计规范》(GB 50017)和《混凝土结构工程施工规范》(GB 50666)等的有关规定。

(11)预制构件中外露预埋件凹入构件表面的深度不宜小于10mm。

(12)预制构件与预制构件、预制构件与现浇结构之间节点的设计，需参考国家规范图集并考虑现场施工的可操作性，保证施工质量，同时避免复杂连接节点造成现场施工困难。

(13)预制板式楼梯的梯段板底应配置通长的纵向钢筋。板面宜配置通长的纵向钢筋；当楼梯两端均不能滑动时，板面应配置通长的纵向钢筋。

(14)机电设备预埋管线和线盒、制作和安装施工用预埋件、预留孔洞等应统筹设置，对构件结构性能的削弱应采取必要的加强措施。

4.3.3　叠合板深化设计要点

叠合板应按现行国家标准《混标》(GB/T 50010)进行设计，并应符合下列规定：

(1)叠合板的预制板厚度应满足在施工过程及使用阶段的裂缝、变形及承载力要求。

(2)叠合板的预制板厚度不宜小于 60mm，后浇混凝土叠合层厚度不应小于 60mm。当叠合板用于屋面板时，后浇混凝土叠合层厚度不宜小于 80mm。

(3)当叠合板的预制板采用空心板时，板端空腔应封堵。

(4)预制板的宽度不宜大于 3m，且不宜小于 600mm，拼缝位置宜避开叠合板受力较大的部位。

(5)预制板的拼缝处，板上边缘宜设置 30mm×30mm 的倒角，如图 4-22 所示。

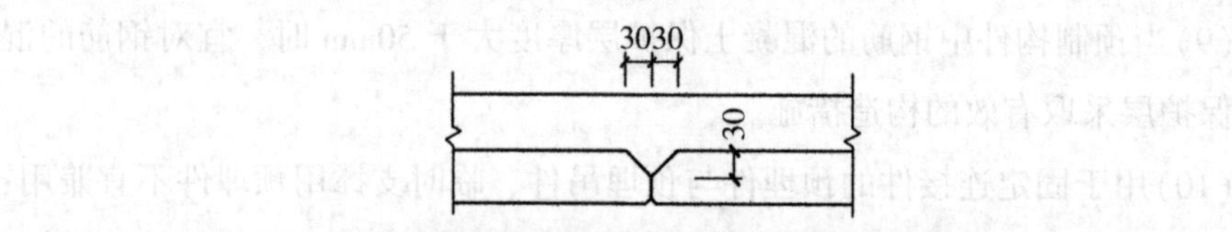

图 4-22　预制板的拼缝处构造示意

(6)叠合板可根据预制板接缝构造、支座构造、长宽比按单向板或双向板设计。当预制板块之间采用分离式接缝时，宜按单向板设计。对长宽比不大于 3 的四边支承叠合板，当其预制板块之间采用整体式接缝或无接缝时，可按双向板设计。

(7)叠合板支座处的纵向钢筋应符合下列规定：

①板端支座处，预制板内的纵向受力钢筋宜从板端伸出并锚入支承梁或墙的后浇混凝土中，锚固长度不应小于 $5d$(d 为纵向受力钢筋直径)，且宜伸过支座中心线。

②单向叠合板的板侧支座处，当预制板内的板底分布钢筋伸入支承梁或

墙的后浇混凝土中时应符合本条第①款的要求；当板底分布钢筋不伸入支座时，宜在紧邻预制板顶面的后浇混凝土叠合层中设置附加钢筋。附加钢筋截面面积不宜小于预制板内的同向分布钢筋面积，间距不宜大于600mm，在板的后浇混凝土叠合层内锚固长度不应小于15d，在支座内锚固长度不应小于15d(d为附加钢筋直径)，且宜伸过支座中心线。

(8)单向叠合板板侧的分离式接缝宜配置附加钢筋，并应符合下列规定：

①接缝处紧邻预制板顶面宜设置垂直于板缝的附加钢筋，附加钢筋伸入两侧后浇混凝土叠合层的锚固长度不应小于15d(d为附加钢筋直径)；

②附加钢筋截面面积不宜小于预制板中该方向钢筋面积，钢筋直径不宜小于6mm，钢筋间距不宜大于250mm。

(9)双向叠合板板侧的整体式接缝宜设置在叠合板的次要受力方向上且宜避开最大弯矩截面。接缝可采用后浇带形式，并应符合下列规定：

①后浇带宽度不宜小于200mm；

②后浇带两侧板底纵向受力钢筋可在后浇带中焊接、搭接连接、弯折锚固；

③当后浇带两侧板底纵向受力钢筋在后浇带中弯折锚固时，应符合下列规定：

- 叠合板厚度不应小于10d且不应小于120mm(d为弯折钢筋直径的较大值)；
- 接缝处预制板侧伸出的纵向受力钢筋应在后浇混凝土叠合层内锚固，且锚固长度不应小于L_a；两侧钢筋在接缝处重叠的长度不应小于10d，钢筋弯折角度不应大于30°，弯折处沿接缝方向应配置不少于2根通长构造钢筋，且直径不应小于该方向预制板内钢筋直径。

(10)桁架钢筋混凝土叠合板应满足下列要求：

①桁架钢筋应沿主要受力方向布置；

②桁架钢筋距板边不应大于300mm，间距不宜大于600mm；

③桁架钢筋弦杆钢筋直径不宜小于8mm，腹杆钢筋直径不应小于4mm；

④桁架钢筋弦杆混凝土保护层厚度不应小于15mm。

(11)当未设置桁架钢筋时，在下列情况下，叠合板的预制板与后浇混凝土叠合层之间应设置抗剪构造钢筋：

①单向叠合板跨度大于4.0m时，距支座1/4跨范围内；

②双向叠合板短向跨度大于4.0m时，距四边支座1/4短跨范围内；

③悬挑叠合板的上部纵向受力钢筋在相邻叠合板的后浇混凝土锚固范围内。

(12)叠合板的预制板与后浇混凝土叠合层之间设置的抗剪构造钢筋应符合下列规定：

①抗剪构造钢筋宜采用马镫形状，间距不宜大于400mm，钢筋直径d不应小于6mm；

②马镫钢筋宜伸到叠合板上、下部纵向钢筋处，预埋在预制板内的总长度不应小于$15d$，水平段长度不应小于50mm。

(13)阳台板、空调板宜采用预制构件或叠合构件。预制构件应与主体结构可靠连接；叠合构件的负弯矩钢筋应在相邻叠合板的后浇混凝土中可靠锚固，叠合构件中预制板底钢筋的锚固应符合下列规定：

①当板底为构造配筋时其锚固应符合《装规》第6.6.5条第1款的规定；

②当板底为计算要求配筋时，钢筋应满足受拉钢筋的锚固要求。

4.3.4 预制楼梯深化设计要点

(1)预制装配式钢筋混凝土楼梯按其支承条件可分为梁承式、墙承式和墙悬臂式等类型。在一般性民用建筑中，宜采用梁承式楼梯。

(2)预制楼梯宜设计成模数化的标准梯段，各梯段净宽、梯段长度、梯段高度宜统一。

(3)楼梯板一端可滑动时，可不考虑楼梯参与整体结构抗震计算，其滑动变形能力应满足罕遇地震作用下结构弹塑性层间变形的要求。预制楼梯端部在支承构件上的最小搁置长度应符合规定，且其设置滑动支座的端部应采取防止滑落的构造措施。

(4)预制楼梯板的厚度不宜小于100mm，宜配置连续的上部钢筋，最小配筋率宜为0.15%；分布钢筋直径不宜小于6mm，间距不宜大于250mm。下部钢筋宜按两端简支计算确定并配置通长的纵向钢筋。当楼梯两端均不能滑动时，板底、板面应配置通长的纵向钢筋。

(5)预制楼梯栏杆宜预埋焊接件或预留插孔，孔边距楼梯边缘距离不应小于30mm。

4.3.5 预制内墙板深化设计要点

1. 建筑设计要点

(1)预制内墙板不宜设计应用外墙，外墙部位使用内墙板应严格制定防渗水方案，并充分论证墙体抗风荷载稳定性。

(2)门洞过梁、预埋电箱、预埋消防栓、防火乙门门垛墙体，优先采用构造墙体现浇设计，不宜设计使用内墙板。

(3)住宅项目宜统一户内梁高度(如200mm×500mm)，宜减少内墙板长度规格数量；户内门垛宽度应统一，减少预制内墙板转角件规格。

(4)内墙板墙体设计应满足所在建筑物的防火、隔声、防水、抗震等功能要求，并应有相应的检测报告书及技术措施；墙体与主体结构应连接牢固。内墙板接缝，墙体与墙、柱、板以及门(窗)框连接处均应填实密封，并应有相应的防裂措施。

2. 内墙板构造设计要点

(1)主体结构铝模深化设计，与内墙板连接部位主体结构应预留企口，企口尺寸由内墙板厂家根据产品规格提供。

(2)与主体连接的墙体宽度不应小于200mm，小于200mm的墙体必须与主体结构现浇一次成型；门洞过梁应铝模深化设计现浇下挂，下挂板宽度与内墙板厚度一致。

(3)门(窗)洞边板在门、窗洞上角处应留承台搭接，搭接宽度不应小于150mm，与主体结构连接设置镀锌钢托码放置门(窗)洞过梁板，过梁板与洞边板应连接牢固。

(4)单块墙板安装墙体线盒严禁背靠背设计，水电线管位置与墙板内孔匹配(线管穿墙板内孔)；线盒定位不宜设计在墙板竖向拼缝内。

(5)横向管线宜沿墙体下部外沿布置，需在墙体上横向开槽时，深度不应大于墙厚的 2/5，长度不得大于墙体长度的 1/3，并应做好回填、补强、防裂处理。

(6)严禁在墙体两侧同一部位开槽、开洞埋设管、线、盒。相邻两槽间距应不小于 300mm，并应做好回填、补强、防裂处理。

(7)双联以上底盒严禁全部设置在 T、L 型转角件上，以防止转角件在开槽过程中断裂。

(8)内墙板安装高度不应大于 4. 5m，超过 4. 5m 时需进行专项方案设计，顶部为自由端的墙体，应进行结构的稳定性设计及采取构造加强措施。

(9)当内墙板沿墙高需要接长时，竖向接板不应超过一次，相邻两块内墙板接头位置应错开不小于 300mm，墙板对接部位应定位准确、牢固。

(10)长度超过 5m 的墙体，均应采取加强和防裂等措施，如采用预留伸缩缝或采用加设构造柱措施。

(11)内墙板宜按墙体长度方向竖向排列，当墙体端部的内墙板不足一块板宽时，应按尺寸要求补板，补板宽度不宜小于 200mm。

(12)当墙体用于厨房、卫生间及有防潮、防水要求的环境时，应有防潮、防水的构造措施。若墙体下部设置高度 200mm 以上 C20 强度混凝土反坎，则严禁采用水泥砖砌筑反坎导墙。

第5章 装配式混凝土结构设计质量控制及措施

装配式建筑设计阶段是装配式建筑项目整个流程中的核心阶段。装配式建筑设计贯穿项目全过程。因此，加强装配式建筑设计质量控制是实现建筑产业化目标的根本基础，是提升装配式施工效率的重要手段。在装配式建筑设计中，应当考虑技术前置、管理前移、协同设计。装配式建筑设计需要从方案设计阶段开始引入装配式建筑的设计理念，同时需考虑各专业设计协同、内外装深化设计、门窗幕墙深化设计、预制构件深化设计以及构件制作与运输、施工安装等相关技术条件，才能达到装配式建筑“两提两减”(提高质量、提高效率；减少消耗、减少成本)的目标。

目前仍然有设计院在被动做装配式建筑设计项目，在方案设计阶段未介入考虑装配式设计理念，在施工图设计阶段仍未考虑标准化设计，装配式设计时，依据施工图进行拆分设计。这种以传统施工图设计的思维模式做装配式建筑设计，很难实现建筑标准化、模块化设计。还有一些设计人员对其他专业的相互关系、构件生产、铝模、外爬架以及施工安装的技术知识了解不够充分，容易造成装配式建筑方案不合理、连接节点错误、构件制作和运输困难、构件安装困难等问题，进而造成装配式建筑的成本增加、质量难以控制、现场工效低下，最终会影响结构安全。针对上述问题，本章重点就常见的装配式混凝土结构设计质量问题进行分析并提出合理化的建议。

5.1　预制构件拆分设计与布置问题

5.1.1　方案设计阶段装配式建筑设计技术策划不合理

【原因分析】

方案设计阶段未进行装配式建筑前期技术策划，对相关产业配套流程、项目场地布置及周边环境等情况了解不足。具体表现在以下几个方面：装配式建筑设计方案在设计阶段介入时间过晚；对项目周边预制构件生产企业排产情况了解不足，预制构件运输距离远超过合理的运送范围；场地高差、路线限高(限宽)等原因造成预制构件无法运输到项目现场；场地周边环境原因，造成塔吊的覆盖范围或吊重无法满足预制构件安装要求导致装配式建筑实施难度大，标准化程度不高。

【防治措施】

(1)充分考虑项目定位、建设规模、装配化目标、成本额度以及各种外部条件影响因素，制定合理的装配式建筑设计方案，并与建设单位共同确定技术实施方案，为后续的设计工作提供设计依据。

(2)设计方案应具有装配式混凝土建筑的特点和优势，并全面考虑易建性和建造效率。

(3)应根据装配式建筑目标、当地工艺水平和施工能力以及经济性等要求，确定合理的装配率、适宜的预制部品部件种类。

(4)应综合考虑预制构件厂的合理运输半径(建议为150km以内，经济运距一般在60km以内)，项目用地周边应具备完善的运输交通条件，项目用地应具有车辆进出场内的便利条件。从运距来看，20~100km可半天往返，100~300km可一天往返，预制构件的经济的运输半径是半天往返。根据工程经验数据，单次运输构件种类为25t，运输距离为50km时，水平运输费用为

300元/m^{3}左右；运输距离为100km的水平运输费用为600元/m^{3}左右。预制构件的水平运输费主要包括预制构件从工厂运输至工地的运费和施工场地内的二次搬运费。水平运输费一般占构件总销售价格的4%~9%。

(5)应考虑现项目用地是否具备充足的构件临时存放场地以及运输构件在场区内的运输通道。构件运输组织方案与吊装方案协调同步，如吊装能力、吊装计划及吊装作业单元的确定等。

5.1.2 建筑总平面设计时未考虑装配式建筑特点，装配式建筑楼栋过于分散

【原因分析】

方案设计中对装配式建造过程了解不足，未充分进行前期方案技术策划，未考虑场地本身的用地条件限制。建筑总平面设计时若未考虑装配式建筑特点，导致装配式建筑楼栋过于分散，则容易造成相同产品场内堆场分布较散，对施工塔吊布置、临时运输道路布置、吊装场地等均有更高的要求，直接导致措施费用增加。

【防治措施】

(1)合理布局总平面图中的装配式建筑楼栋布置，并进行前期技术策划。

(2)相同产品宜临近布置，方便运输及施工吊装。

5.1.3 预制构件深化设计未考虑塔吊锚固连接需求

【原因分析】

预制构件(预制外墙、内墙、叠合楼板)在深化设计时未考虑塔吊连接的要求，未与施工组织方案协调，未考虑塔吊锚固连接的预埋件。

【防治措施】

塔吊的锚固预埋件，应结合建筑结构形式确定其锚固形式并进行受力验算。在装配率较高的情况下，当拉接位置内外墙均为构件时，可采用锚固装置与结构顶板拉结的形式。装配式吊装所用的吊具，需提前进行设计、验算并预埋(图 5-1)。

图 5-1　某楼层处塔吊锚固连接预制构件的示意图

5.1.4　户型标准化或预制构件标准化程度较低

【原因分析】

建筑方案设计前期未考虑装配式建筑标准化、集成化设计的特点和少规格、多组合的原则；平面设计或立面设计过于复杂；对标准化设计和成本控制考虑不足。未按装配式建筑标准化设计的原则进行策划，导致拆分构件种类过多，影响建设工期，降低施工效率，加大项目管理难度，增加项目成本。

【防治措施】

(1)装配式建筑方案设计阶段的技术方案应关注产品的标准化，选择适合的装配式技术体系及部品部件的标准化类型，提高材料及部品部件的通用性和可置换性。

(2)减少户型种类和预制构件种类，做到户型的标准化，“少规格、多组合”，进一步达到功能模块的标准化。

(3)全过程践行标准化设计理念，按少规格多组合的原则，尽量增加同一规格预制构件的数量，摊销预制构件生产成本。

5.1.5 预制构件选型不合理，未充分考虑生产方式和安装工艺

【原因分析】

装配式建筑设计时，片面追求装配率的最大化，未考虑工艺水平和施工能力以及经济性等要求；预制构件拆分设计时，片面追求满足政策文件的要求，为了装配而装配，缺乏系统性和集成性；设计师对预制构件生产、安装的工艺流程及要求不了解，构造节点设计不合理，缺乏装配式建筑系统性设计理念。预制构件选型、构造节点设计不合理，容易导致构件生产、运输、安装困难，带来工程质量隐患，降低施工效率并增加工程造价。

【防治措施】

(1)预制构件的选型宜遵循规模效应、标准模数、易生产安装的原则。

(2)预制构件方案设计应“重体系、轻构件”，应选择合理的预制构件。预制构件的应用宜选择在技术上难度不大、可实施度高、易于标准化的部位，或现场施工难度大、适宜在工厂预制的部位。比如复杂的异形构件、需要高强度混凝土等现场无法浇筑的部位，集成度和精度要求高，需要在工厂制作等。

(3)预制构件的构造节点应满足设计要求、技术标准、规范要求等。

5.1.6 预制构件拆分设计时，拆分尺寸不合理

【原因分析】

未遵循“少规格、多组合”的构件设计原则；未对当地的构件生产厂家进

行调研，拆分的构件尺寸实际生产的可行性低，经济性差；未考虑预制构件运输、施工的便利性。拆分构件种类较多、尺寸不合理，造成构件生产、运输和施工困难，增加成本，影响工期。

【防治措施】

(1)预制梁、预制柱截面尺寸宜尽量统一，配筋宜采用大直径钢筋，减少钢筋数量和种类。

(2)预制带飘窗墙体、阳台、空调板、楼梯等尽量模数化。

(3)楼板拆分尽量模块化或者按等分法拆分。

(4)拆分设计前，对构件生产厂家进行调研，以确保预制构件的可实施性。

5.1.7　房间设计尺寸较大(如客厅)，预制构件生产、施工吊装困难

【原因分析】

业主对户型设计的要求较高，不容许客厅有梁，结构采用大板设计，楼板宽度及跨度都较大，叠合板拆分时跨度尺寸较大，单个预制底板重量较大，导致工厂生产、施工吊装困难。大尺寸预制底板，导致工厂脱模开裂风险较大。大构件预制板施工现场塔吊吊装困难，且无专用吊装梁。

【防治措施】

(1)方案设计阶段应对大板跨尺寸进行优化。

(2)预制底板增设合理吊点，工厂采用专用吊具，控制好脱模强度。

(3)施工现场根据预制底板重量采用满足吊重的塔吊及专用吊具进行吊装。

5.1.8 平面布局异形复杂，不利于叠合板施工安装

【原因分析】

建筑设计根据使用功能的灵活布置，未考虑装配式建筑的标准化设计特点，结构设计为满足建筑功能需求，避免在客厅、餐厅区域设结构梁，取消了局部小跨度梁，将客厅、餐厅、过道做成一块异形楼板(图 5-2)，导致叠合板拆分困难，不利于叠合板标准化实施。

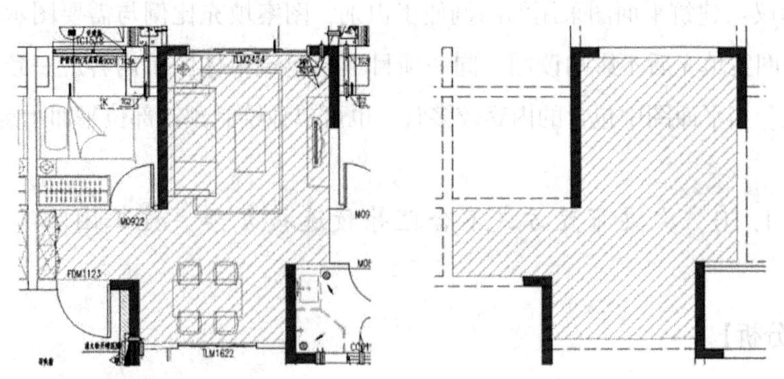

图 5-2 某住宅餐客厅异形板平面图(左为建筑平面图、右为结构平面图)

【防治措施】

方案设计阶段在设计户型时，尽量将水平定位轴线对齐。结构避免采用异形板，走道区域可增设梁。方案设计阶段结构专业应提前介入，尽量做到构件可拆分，且拆分能实现标准化。

5.1.9 在进行建筑平面图设计时，竖向构件未区分预制与现浇

【原因分析】

装配式建筑设计深度不足，没有在平面图中用不同图例注明预制构件(如

预制夹心外墙、预制墙体、预制楼梯、叠合阳台等）位置，未标注构件截面尺寸及其与轴线关系尺寸，导致机电专业设计的洞口布置在竖向预制构件上，未提前设计预埋件。

【防治措施】

平面图应采用不同的图例表示预制和现浇墙体及建筑构件。预制构件对机电管线敷设及空间改造均存在制约作用，涉及项目设计、施工、使用等阶段，在建筑平面图中对预制构件（柱、剪力墙、围护墙体、楼梯、阳台、凸窗等）采用不同图例标示，有利于项目全生命周期中各阶段的技术协作与管理。

建议：建筑平面图采用的图例便于识别，图案填充比例与需要图示的对象匹配，图案填充后不影响读图，同一项目不同建筑单体图示内容应一致、图例应一致。当平面图中包含的内容较多时，也可单独绘制预制部位平面示意图。

5.1.10　次梁布置方式不合理导致连接复杂、施工困难

【原因分析】

装配式结构设计时容易忽视次梁的优化布置，仍按照现浇思维设计成“井”字、“十”字次梁（图5-3）。由于预制梁都是单根生产的，两方向交叉次

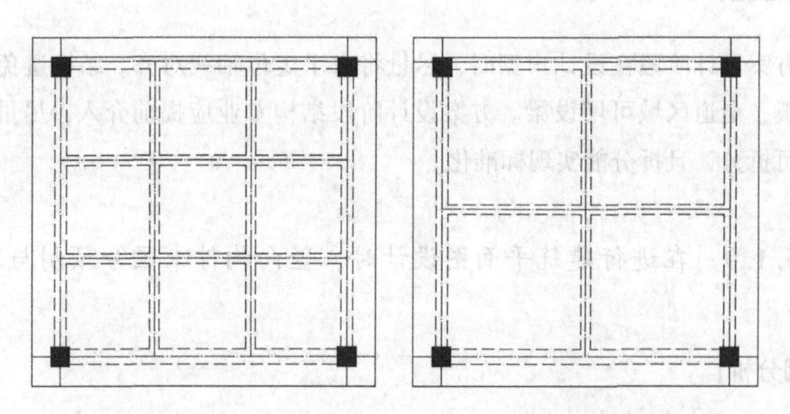

图5-3　“井”字（左图）、“十”字（右图）次梁布置示意图

梁须在交点处断开，交叉处需考虑钢筋避让、先断后连等复杂的技术措施。次梁断开处现浇还需搭设支撑排架及模板等，施工也较麻烦，因此往往造成装配式结构施工效率低、成本高。

【防治措施】

基于装配式结构预制构件生产与施工特点，次梁应优先采用单向平行布置(图 5-4)。次梁单向布置的优点是构件生产简单，施工安装快捷，次梁构件也易于标准化。对于普通住宅的开间跨度而言，综合考虑技术性、经济性，建议尽量减少次梁数量，甚至可以考虑无次梁。尽管减少次梁后会增加楼板厚度，但有利于大空间可变户型设计及装配式标准化的设计生产安装，也有利于上下楼层的隔声与隔振。对于公建项目，应尽量合理设置柱网跨度，尽量采用单向次梁布置方案(图 5-4)。

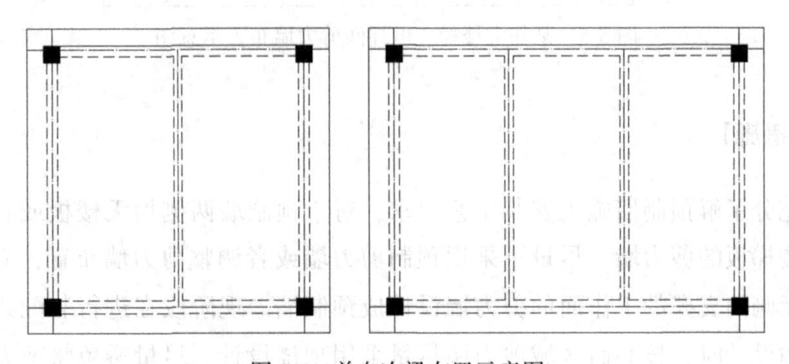

图 5-4　单向次梁布置示意图

5.1.11　部分拆分设计的预制剪力墙无施工及安装支撑面

【原因分析】

对于楼电梯周边的剪力墙，尤其一侧是外墙、另一侧是楼梯间或者电梯间的剪力墙(图 5-5)，或者一侧是楼梯的剪力墙，另一侧是电梯的剪力墙，这种剪力墙如果设计成预制剪力墙，会造成施工安装困难，预制墙无侧向支撑的工作面，套筒灌浆也较不便，施工需采取的措施较多，会影响施工效率，也会造成施工质量较难控制。

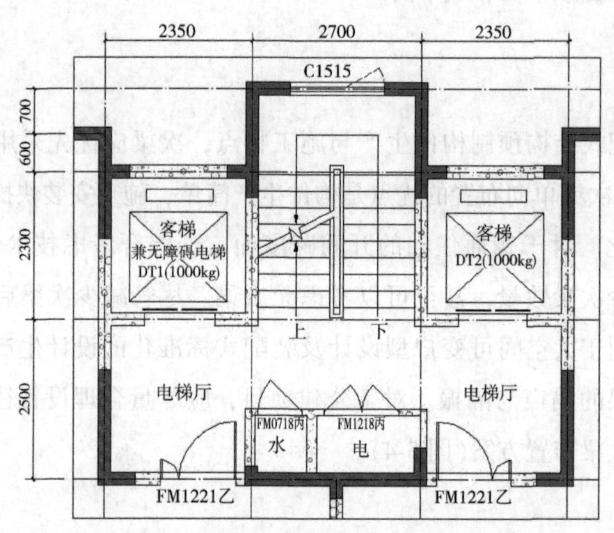

图5-5　某住宅楼梯、电梯间剪力墙布置示意图

【防治措施】

充分了解预制墙施工安装工艺要求，对于预制墙两侧均无楼板或者仅一侧有楼梯板的剪力墙，尽量不采用预制剪力墙或者调整剪力墙布置，避免将两侧无侧向支撑的工作面的剪力墙设计成预制墙。现阶段在进行装配式剪力墙结构设计时，核心筒区域剪力墙尽量采用现浇设计，尽量避免将剪力墙布置在两侧无楼板位置。要尽量避免在楼电梯或者楼面开大洞的一侧设置剪力墙，这些部位设置的剪力墙，由于楼盖传力受到削弱或局部区域应力集中，从而使其作用受到削弱，不利于整体结构的抗侧协同受力。

5.1.12　建筑立面分隔缝与预制构件拼缝未协调统一

【原因分析】

在按传统现浇施工工艺进行建筑外立面设计，外墙是现浇混凝土结构或者砌体墙时，通常做法是先做抹灰层，再在抹灰层外面做装饰面层，此时结构层不同材料之间的拼缝不影响外立面效果。但在预制装配式建筑设计中，尤其是预制构件与预制构件之间的拼缝，根据相关的技术规程要求，预制构件之间除了采用现浇段进行衔接之外，如果是两个预制构件刚性相接，则需要留设 20mm 的安装缝隙并进行二次打胶封闭。如此一来，当各个楼层的预制外墙板围着标准楼层完成组装后，会在外立面上增加很多由构件边缘组成的横平竖直的分隔拼缝，如果建筑立面设计未与结构预制构件拆分设计协调统一，会造成立面不协调，也将导致预制外墙板拼缝处外墙腻子容易出现开裂、收缩、鼓胀等问题，影响立面观感(图 5-6)。

图 5-6 立面分隔缝与预制外墙板拼缝未协调统一

【防治措施】

建筑外立面的设计应与结构构件拆分设计协同进行，充分考虑预制构件拆分部位及拼接缝位置，建筑立面明缝宜设置在预制外墙板拼缝处，同时应考虑非标准层的立面延伸(图 5-7)。

图5-7　建筑立面明缝设置在预制外墙板拼缝处

5.1.13　预制围护墙选型不当，脱模、吊装困难且角部易开裂

【原因分析】

当预制非承重围护墙选用L形、C形等墙体(图5-8)时，吊点对称布置难度大，窗洞角部等位置易因构件受力不均匀产生开裂。在进行结构方案布置时，未预留窗洞两侧墙垛(≥200mm)，没有考虑带梁预制。

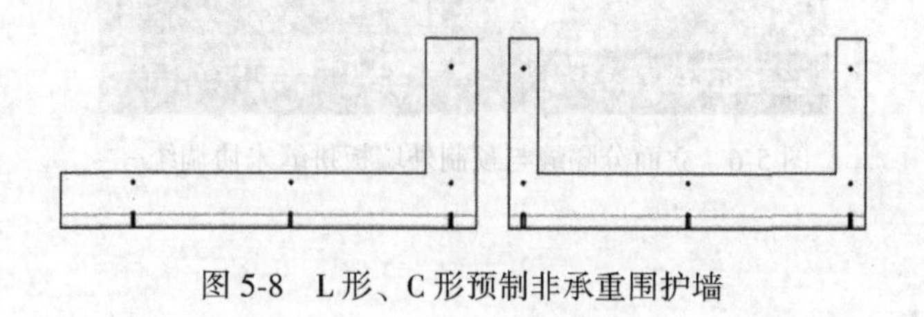

图5-8　L形、C形预制非承重围护墙

【防治措施】

装配式拆分设计时应充分了解装配式预制外围护墙施工安装工艺要求，在进行结构设计布置墙体时，窗洞两侧预留不小于200mm宽墙垛(图5-9)；C

形墙考虑带梁预制(图 5-10)；设置加固型钢(图 5-11)；窗洞角部设置斜向抗裂钢筋(图 5-12)。

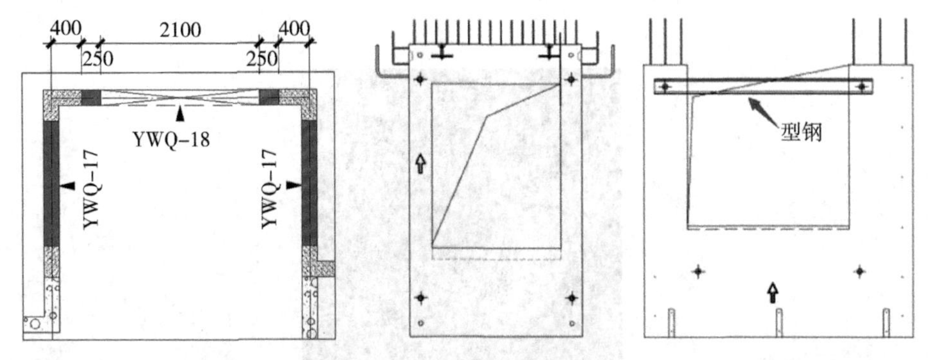

图 5-9 窗洞两侧预留墙垛 250mm　图 5-10 带梁预制外墙　图 5-11 带型钢加固措施

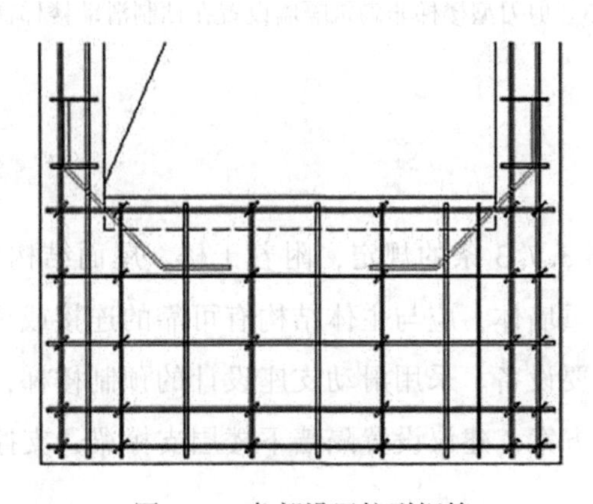

图 5-12 角部设置抗裂钢筋

5.1.14 设计剪刀型楼梯时，梯板间隔墙设计在预制滑动楼梯梯板上

【原因分析】

剪刀型楼梯梯板之间隔墙设计未考虑预制楼梯的滑动楼梯特点，未考虑隔墙设置在滑动楼梯梯板上对隔墙安全的影响；建筑设计时未考虑隔墙下楼

层支撑梁最小宽度要求；非砌筑隔墙设置在预制滑动楼梯梯板上(图 5-13)，当预制楼梯滑动时，可能会造成隔墙倾覆，出现安全隐患，同时也造成预制楼梯宽度不统一，降低标准化程度。

图 5-13　剪刀型楼梯非砌筑隔墙设置在预制滑动楼梯梯板上

【防治措施】

依据《抗标》第 3. 7. 3 条的规定，附着于楼、屋面结构上的非结构构件，以及楼梯间的非承重墙体，应与主体结构有可靠的连接或锚固，避免地震时倒塌伤人或砸坏重要设备。采用滑动支座设计的预制楼梯，楼梯间宽度应考虑楼梯隔墙的支撑方案，建议设置隔墙下楼层支撑梁，支撑梁宽度不宜小于 150mm(图 5-14)。

图 5-14　隔墙支撑于不小于 150mm 宽现浇梁上

5.1.15　深化设计预制墙板吊点位置设计不合理

【原因分析】

(1)预制构件拆分设计不合理(图5-15);

(2)吊点设计不合理，导致现场吊装过程中，预制构件产生明显裂缝，直接导致预制构件被破坏。

图5-15　预制构件吊点位置设计不合理导致构件裂缝直至被破坏

【防治措施】

(1)构件设计时对吊点位置进行分析计算，确保吊装安全，吊点合理。

(2)对于漏埋吊点或吊点设计不合理的构件返回工厂进行处理。

5.1.16　叠合板吊装时外伸钢筋与墙梁水平钢筋碰撞

【原因分析】

叠合板外伸钢筋在吊装过程中与梁的上层主筋和墙的水平筋发生碰撞(图5-16)，造成梁筋和墙筋移位以及叠合板混凝土局部损坏。

图5-16　叠合板外伸钢筋与墙、梁水平钢筋发生碰撞导致吊装困难

【防治措施】

(1)设计时建立施工BIM，发现钢筋碰撞问题或预制构件安装存在打架现象时，调整钢筋布置，优先让次要构件钢筋采取避让措施。如梁箍筋可以设计成开口箍，梁上层主筋后绑扎安装。

(2)施工时建立施工BIM，演示合理工序，确定分层施工顺序和正确施工工序，体现装配式建筑的施工特点。如梁的钢筋在叠合板吊装完成后再绑扎，墙上层水平筋在叠合板吊装完成后再绑扎。

5.2　预制构件连接节点问题

5.2.1　预制柱上下层截面收进不合理、纵筋变化不合理

【原因分析】

(1)当柱截面尺寸变化为双向各缩小100mm时，不宜采用四边同时收进50mm的方式(图5-17、图5-18)。由于四边同时收进时，上层柱纵筋需从下层柱伸出，常常采用弯折或另行插筋搭接形式，会导致节点核心区钢筋过于密集、纵筋定位困难等问题，影响构件安装质量。

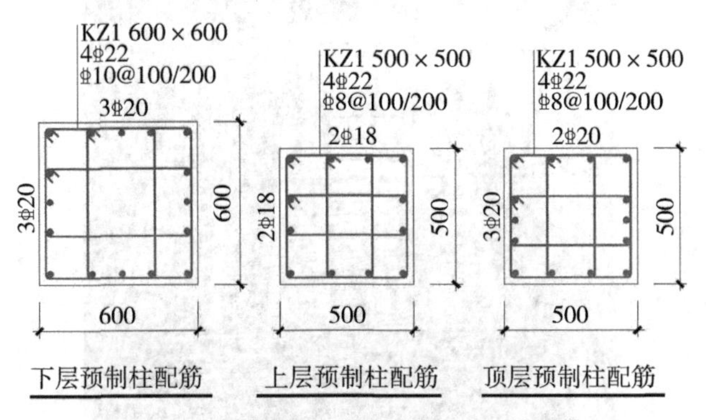

图 5-17 预制柱上下层柱截面、配筋变化

图 5-18 预制柱截面四边均收进

(2)上下层柱截面变化时，纵筋位置未兼顾上下层对应关系，导致上柱套筒与下柱伸出筋位置对不上。

(3)预制柱套筒规格选用时仅考虑当前层柱纵筋直径，而未考虑兼顾上下层柱伸出纵筋直径变化的因素，导致套筒选用错误。

【防治措施】

(1)中柱截面变化时宜采用相邻两侧单边收进方式，且每边收进不宜小于100mm。单边收进 100mm 的预制柱边筋上端可采用锚固板方式收头(图 5-19)，这样有利于现场施工。

图5-19　预制柱顶端采用锚固板形式收头

(2)上下层柱截面变化会使柱纵筋规格或数量也随之变化，设计时除了下柱侧边的收头钢筋之外，其余纵筋应保持相同平面位置内的根数与位置关系不变。预制柱详图设计时不能仅考虑本层配筋的情况，还应当从下至上贯通考虑，才能保证预制柱钢筋的合理设置。

(3)上下层柱纵筋变直径时，上层预制柱套筒应根据上下层柱纵筋中的大直径来选用，否则会不满足《钢筋套筒灌浆连接应用技术规程》(JGJ355)的相关规定，造成结构安全隐患。上下层柱纵筋直径级差应控制在不大于二级。

5.2.2　预制柱保护层厚度取值未考虑灌浆套筒连接的影响

【原因分析】

现浇钢筋混凝土结构保护层厚度应当从受力钢筋(包括套筒)的箍筋外边缘算起，竖向构件采用灌浆套筒连接时，因灌浆套筒的直径大于竖向构件纵筋直径，设计按照灌浆套筒外层箍筋边缘计算取保护层厚度设计时，纵筋保护层厚度会增大，原结构计算高度变小，构件承载力减小，存在安全隐患；若深化设计按照设计要求不改变套筒区域外的保护层厚度，这会导致套筒处的保护层厚度不足，从而无法满足套筒在混凝土中的锚固和耐久性要求（图 5-20）。

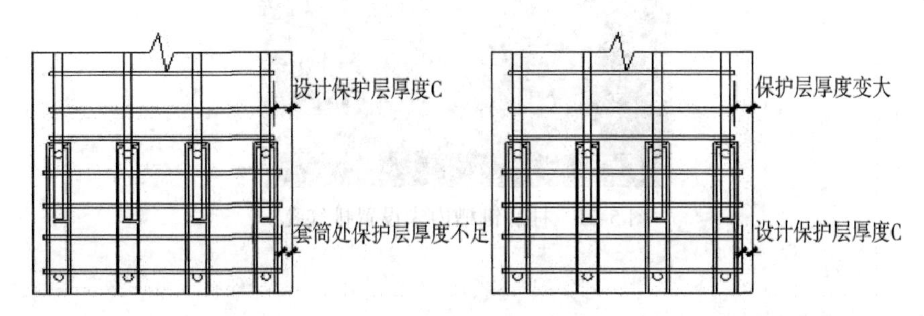

图 5-20 套筒处混凝土保护层与连接套筒的钢筋处混凝土保护层厚度不同

【防治措施】

柱纵筋保护层厚度应根据灌浆套筒外层箍筋保护层厚度推算而得，结构计算分析时应根据此实际情况合理选取柱纵筋保护层厚度。在混凝土构件的灌浆套筒长度范围内，预制混凝土柱箍筋的混凝土保护层厚度不应小于20mm，预制混凝土墙最外层钢筋的混凝土保护层厚度不应小于 15mm。设计计算有效截面高度 h_0 应正确取值，以预制柱为例，柱纵筋 $h_0=h-(20+$箍筋直径+连接套筒直径/2)；以预制墙为例，墙纵筋 $h_0=h-(15+$箍筋直径+连接套筒直径/2)。

5.2.3 预制柱底键槽内未设置排气孔

【原因分析】

设计人员不了解规范要求及灌浆施工工艺，当柱底设计键槽时，未同时设置排气措施，导致柱底灌浆时，柱底键槽范围内气体无法排出，灌浆无法填充满，造成柱底空腔，进而产生质量安全隐患（图 5-21）。

图5-21　柱底键槽内未设置排气孔

【防治措施】

认真学习并理解规范中的规定，《钢筋套筒灌浆连接应用技术规程》(JGJ 355—2015)第4.0.5条规定："采用套筒灌浆连接的混凝土构件设计应符合下列规定：底部设置键槽的预制柱，应在键槽处设置排气孔(图5-22)。"专项设计时应将排气孔作为设计要点，不得遗漏(图5-23)。

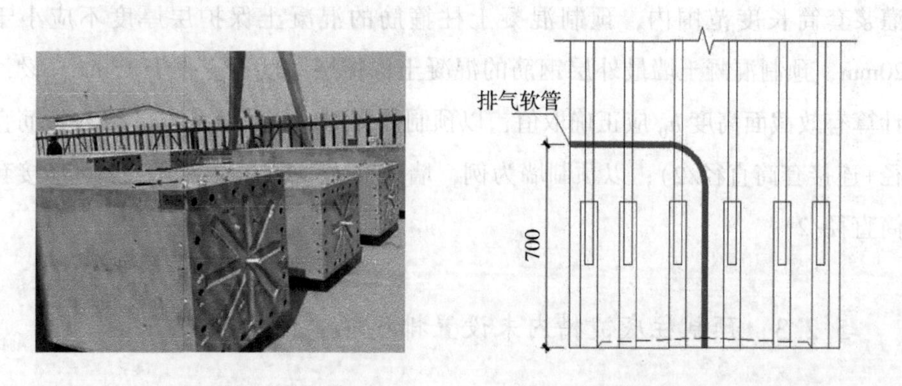

图5-22　柱底键槽内设置排气孔　　　　图5-23　深化设计排气孔大样图

5.2.4　预制柱灌浆孔、出浆孔及斜撑位置设置不合理

【原因分析】

拆分设计时忽略了角柱、边柱的装配式施工特点，将灌浆孔或斜撑设置

在临空一侧，导致预制柱斜撑无法设置。通过脚手架平台进行灌浆时，若脚手架上的操作面与建筑标高不在同一水平面，也会导致灌浆施工不便。

【防治措施】

拆分设计时需结合现场的实际情况，将灌浆孔、出浆孔及斜撑设置在朝向建筑内侧的构件表面，且不宜全部集中在柱的一个面。

5.2.5 预制梁端接缝抗剪验算遗漏或补强措施设计不合理

【原因分析】

(1)设计时仅验算接缝抗剪承载力，未进行强接缝抗剪验算，或强接缝抗剪验算时未按梁端实配箍筋进行计算。

(2)预制梁端接缝抗剪补强钢筋直接采用加大支座负筋的方式，不符合“强剪弱弯”的抗震概念设计要求。

【防治措施】

(1)施工图设计阶段应考虑预制梁接缝抗剪验算，可采取附加短钢筋或接驳螺杆等相关措施(图 5-24)。若设置附加短钢筋的补强措施，应考虑梁端现浇层厚度、短钢筋净距以及混凝土浇筑时防移位措施。

(2)施工图设计时，箍筋在满足计算值及构造要求的前提下不宜过多放大，以使梁端更容易满足强接缝抗剪验算。

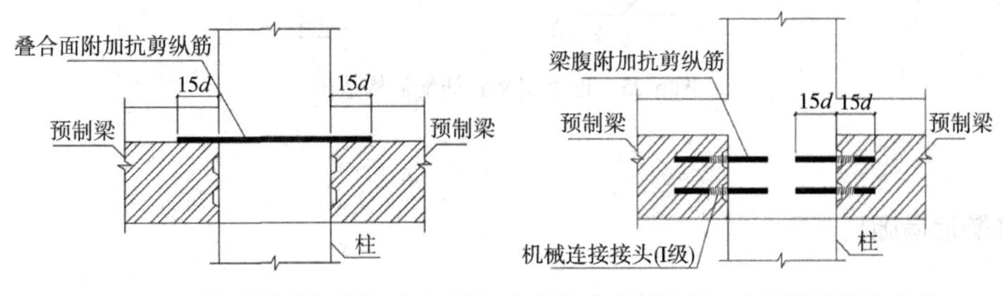

图 5-24 梁端抗剪补强钢筋构造示意图(左图叠合面后置筋，右图梁腹设抗剪筋)

(3)施工图设计计算时，梁端接缝要实现强连接设计要求，预制叠合梁端接缝的抗剪承载力设计值大于被连接梁构件端部斜截面受剪承载力设计值乘以强连接系数(抗震等级为一、二级时，强连接系数取值1.2；抗震等级为三、四级时，强连接系数取值1.1)，以保证预制叠合梁不在接缝处发生损坏。

5.2.6　连梁设计时采用交叉斜筋设计，预制生产、施工安装较困难

【原因分析】

高层剪力墙结构在考虑地震作用而进行计算时，常常因为连梁跨高比大，抗剪超限导致连梁截面不满足剪压比限值要求，通常采用连梁交叉斜筋来提高连梁抗剪承载力(图5-25)。当连梁两侧剪力墙采用预制剪力墙时，交叉斜筋锚入预制墙连接构造导致构件生产和施工较困难。

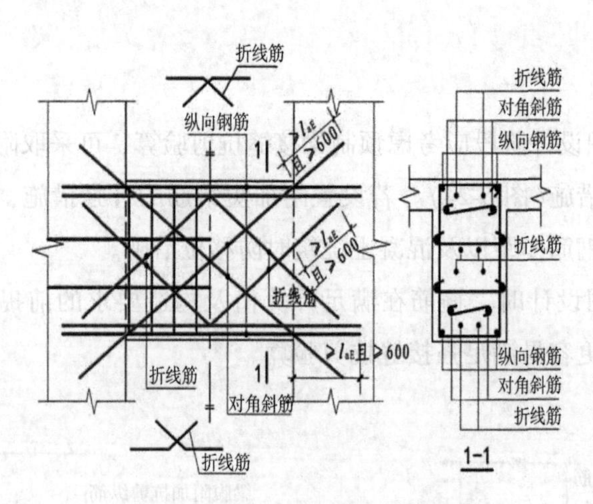

图5-25　连梁交叉斜筋配筋构造图

【防治措施】

连梁两端与预制墙连接时，要充分考虑装配式预制构件生产、施工的特

点，避免设置连梁交叉斜筋的做法，可采取减小连梁截面高度或采取其他减小连梁刚度的措施(如增加连梁跨度等)。抗震设计剪力墙连梁的弯矩可塑性调幅，当连梁破坏对承受竖向荷载无明显影响时，可按独立墙肢的计算简图进行第二次多遇地震作用下的内力分析，墙肢截面应按两次计算的较大值计算配筋。构造上可采取设置抗剪型钢或钢板的措施(图5-26)。

图5-26　连梁设置抗剪型钢或钢板的构造

5.2.7　预制外挂墙板和主体结构的连接节点做法与计算模型假定不一致

【原因分析】

抗震设防地区，预制外挂墙板拆分设计时未考虑与主体结构的连接，未进行抗震设计。《装规》第10.1.1条规定：外挂墙板应采用合理的连接节点并与主体结构可靠连接。有抗震设防要求时，外挂墙板及其与主体结构的连接节点，应进行抗震设计。

《装规》第10.1.2条规定：外挂墙板结构分析可采用线性弹性方法，其计算简图应符合实际受力状态。《装标》中亦有相同的规定。

【防治措施】

外挂墙板设计时，对外挂墙板承载能力的分析可以采用线弹性方法，使用阶段应对其挠度和裂缝宽度进行控制。外挂墙板一般同时具有装饰功能，对其外表面观感的要求较高，一般在施工阶段不允许开裂。点支承的外挂墙板一般可视连接节点为铰支座，两个方向均按简支构件或四点铰支承的构件进行计算分析。若上边固定线支承，下边两点支承连接时，可按照一边简支、两点铰支承的构件进行计算分析。

5.2.8　预制构件表面灌浆管口、出浆管口错乱

【原因分析】

预制构件生产时因振捣导致灌浆管口、出浆管口产生错位(图5-27)；套筒设计过密，导致局部灌浆管孔、出浆管孔过于集中(图5-28)，套管加固不牢，振捣混凝土时因碰撞等原因导致灌浆管口、出浆管口产生错位，成型后管口混乱；灌浆操作时无法准确确定灌浆孔位置，错误地从出浆孔灌浆，导致灌浆不满；预制构件表面出浆管口低于套筒本身的出浆口，导致连接管道内的灌浆料无法对套筒内形成有效回补。

图5-27　灌浆管、出浆管绑扎不牢、错位、混乱

图5-28　灌浆套筒口设计过于集中

【防治措施】

采用正打工艺施工时，提前在底模上划线确定灌浆管口和出浆管口的位置，采取有效的措施固定灌浆管和出浆管；提前设计好灌浆管口和出浆管口的位置，预制构件生产时按图纸施工，严禁随意布置；对于预制柱灌浆套筒，

不应全部集中设置在构件的一个侧面。

5.2.9 预制外墙板水平接缝处、外窗接缝处未设置构造防水

【原因分析】

深化设计时考虑不足或设计疏漏，预制夹心保温外墙、PCF外墙、外挂墙板水平缝未设计外低内高企口，导致雨水直接渗漏进室内(图5-29)；预制外墙外窗边周边未设置企口，导致雨水渗漏进室内；预制夹心保温外墙或外挂外墙板竖缝未按照图5-30所示设计导水管，导致雨水渗漏进板缝时无法排出，造成室内渗水。

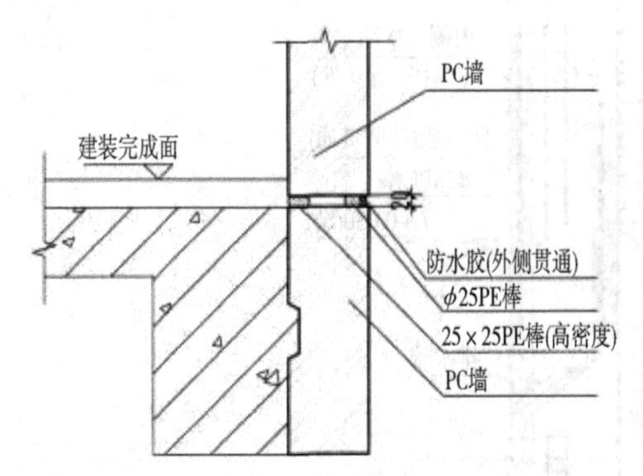

图5-29 预制外墙板水平接缝未设置构造防水

图5-30 接缝处合理留设导水管的做法

【防治措施】

建筑设计时应遵守《装规》中第5.3.4条的规定："预制外墙板的接缝及门窗洞口等防水薄弱部位宜采用材料防水和构造防水相结合的做法，并应符合下列规定1墙板水平缝宜采用高低缝或企口缝构造"(图5-31)，应考虑预制构件线条对安装的影响，与模板连接部位的预制构件线条宜简单，方便安装；预制夹心保温外墙、PCG外墙、外挂墙板水平缝、预制外窗周边宜设置企口；预制外墙空腔竖缝明露时，竖缝内应每隔3层左右设置斜向下的排水导管(图5-32)，设计时应明确其构造做法及技术要求。

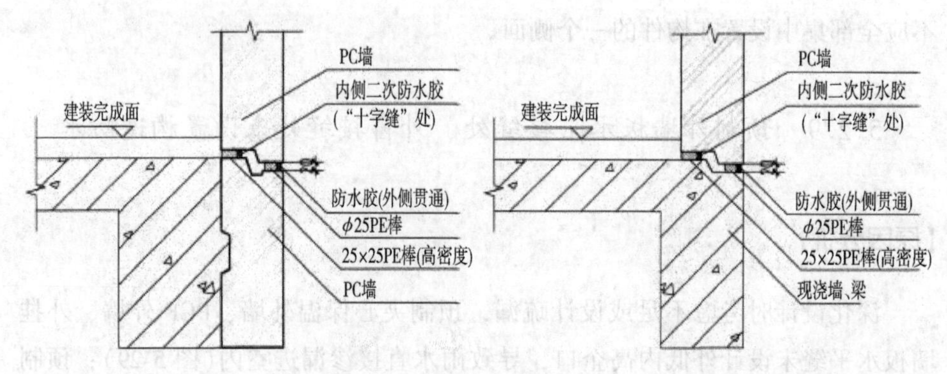

图5-31　预制外墙板水平接缝设置合理构造防水(左图和右图分别与预制构件、现浇结构接缝)

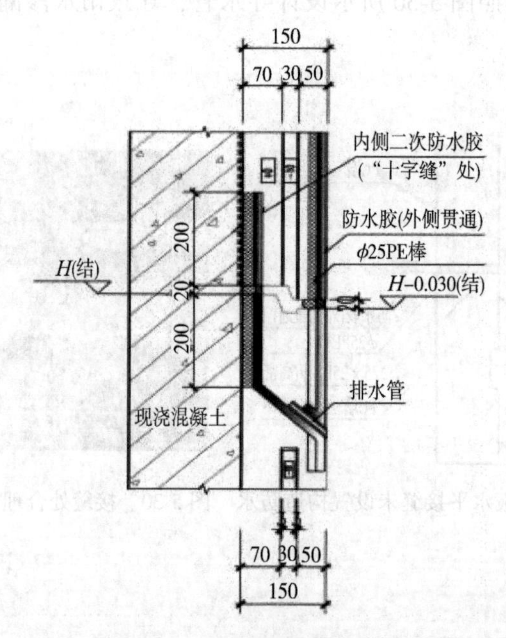

图 5-32　预制外墙板竖向接缝处设置斜向导水管

5.2.10　建筑设计图中外墙板接缝处的密封材料未明确具体要求

【原因分析】

在进行建筑立面设计时未考虑装配式建筑设计的特点，未按照装配式建筑设计接缝特点考虑节点大样，或考虑了节点做法但未明确其具体的密封材料以及做法和要求。

【防治措施】

预制外墙接缝防水应采用耐候性密封胶，接缝处的填充材料应与拼缝接触面粘结牢固，并能适应建筑物层间位移、外墙板的温度变形和干缩变形等，其最大变形量、剪切变形性能等均应满足设计要求。

预制外墙拼缝所用防水材料因其长期处于大气环境中且工况较复杂，设计文件应对防水材料性能提出明确要求。具体要求可参考以下几点：

(1)外墙板接缝处的密封止水带宜采用三元乙丙橡胶或氯丁橡胶等高分子材料，技术要求应满足现行国家标准《高分子防水材料第2部分：止水带》(GB 18173.2)中J型规定。

(2)外墙板缝接缝处的防水密封胶应与混凝土具有相容性，以及具有规定的抗剪切和伸缩变形能力，断裂伸长率不小于100%；密封胶还应具有防霉、防水、防火、耐候等性能，且其性能应满足《混凝土接缝用建筑密封胶》(JC/T 881)的规定。硅酮、聚氨酯、聚硫建筑密封胶应分别符合现行国家标准《硅酮建筑密封胶》(GB/T 14683)、《聚氨酯建筑密封胶》(JC/T 482)、《聚硫建筑密封胶》(JC/T 483)的规定。

(3)外墙接缝处密封胶的背衬材料宜选用聚乙烯塑料棒或发泡氯丁橡胶，直径应不小于缝宽的1.5倍。

5.2.11 预制挑板下檐未设计截水措施

【原因分析】

深化设计时考虑不足或设计疏漏(图5-33)，雨水沿挑板下表面流到外墙面，污染墙面、门窗或渗入室内。《建筑外墙防水工程技术规程》(JGJ/T 235—2011)第5.1.2条规定：“建筑外墙节点构造防水设计应包括门窗洞口、雨篷、阳台、变形缝、伸出外墙管道、女儿墙压顶、外墙预埋件、预制构件等交接部位的防水设防。”

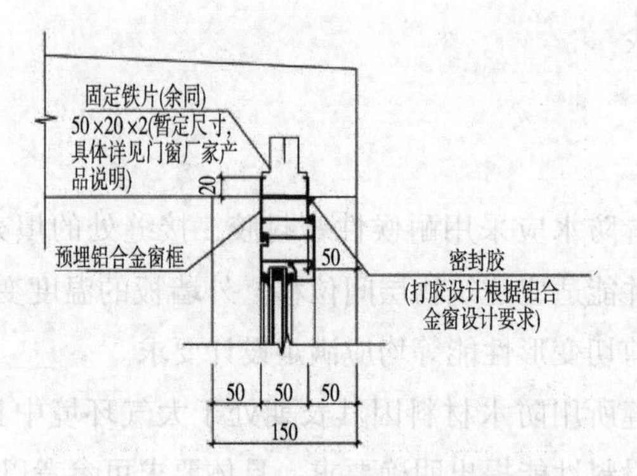

图 5-33　预制挑板下檐未设计截水措施

【防治措施】

依据规范要求，图纸应明确预制挑板下檐截水措施。预制挑板下檐应设计滴水线或鹰嘴(图 5-34)。

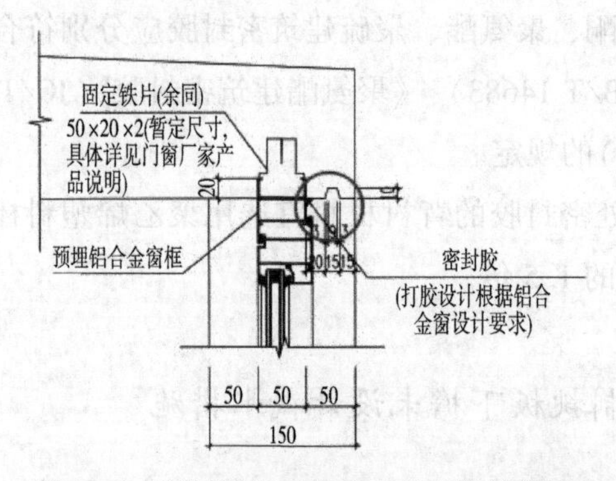

图 5-34　预制挑板下檐表达截水措施做法

5.2.12　预制阳台梁上存在现浇构造柱时，预制阳台未预留插筋

【原因分析】

深化设计时考虑不足或设计疏漏，后期对预制构件凿毛、植筋，容易损伤梁受力筋，施工也较困难，同时还会影响结构耐久性。

【防治措施】

深化设计时应考虑预制构件与现浇部位的交接关系，预留插筋或预埋连接钢板(图 5-35)，便于二次浇筑连接。

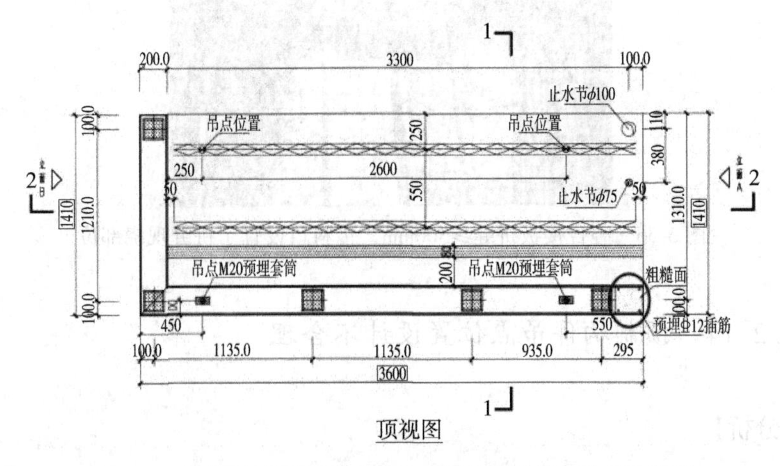

图 5-35　深化设计图注明现浇构造柱的预留插筋位置、数量

5.2.13　叠合楼板未按要求预留模板传料口

【原因分析】

叠合楼板设计时未考虑铝模竖向传递，导致铝模板无法进行竖向传递，影响铝模拼装效率，费工费时。

【防治措施】

《装标》第 3.0.1 条规定：“装配式混凝土建筑应采用系统集成的方法统筹设计、生产运输、施工安装，实现全过程的协同。”深化设计阶段应与施工单位协调确认施工工艺，是否有采用铝模施工工艺，对于住宅建筑宜按照一个户型预留一个传料口，公共建筑宜按照每 100m^2 预留一个传料口；当叠合楼板拼缝≥300mm(图 5-36)时，宜在拼缝现浇部位设置传料口；当叠合楼板拼缝≤300mm时，宜在叠合楼板中设置传料口。

图5-36　叠合楼板拼缝≥300mm，传料口设置于拼缝现浇部位

5.2.14　预制构件吊点位置设计不合理

【原因分析】

预制构件吊点位置未考虑钢筋、预埋件避让、后期操作难易等；预制构件吊点设计未经受力验算，吊点距离预制构件边缘太近(图5-37)，预制构件起吊时吊点处混凝土易开裂，导致吊钉(环)被拔出，引发安全事故。

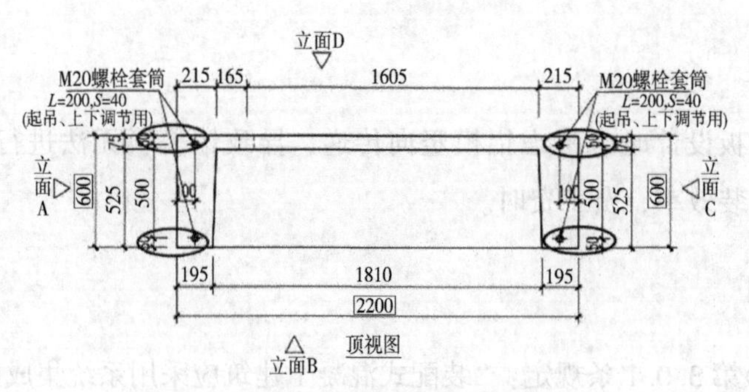

图5-37　吊点位置距预制构件边缘仅50mm

【防治措施】

预制构件吊点位置设计应经受力计算确定，位置距预制构件边缘应满足

计算要求，应避免吊点位置距离预制构件混凝土外边缘过近(图5-38)；对于墙板类构件，常会出现水电安装孔或楼板构件下水管洞口或其他洞口，此时吊点应尽量避开洞口周边，并经计算确定吊点位置。

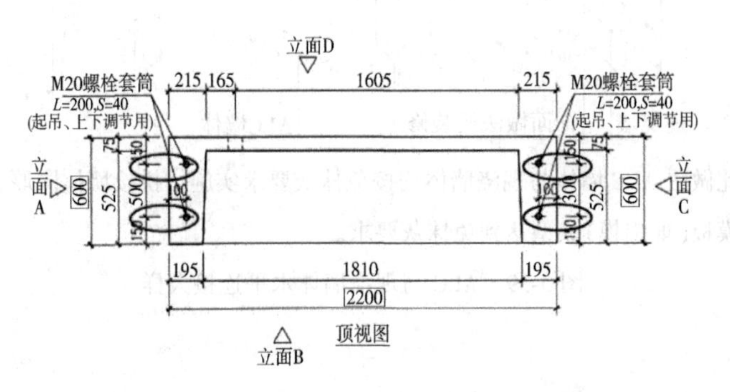

图5-38 吊点位置与构件边缘距离满足计算要求

5.2.15 内隔墙墙体技术选择不匹配，未实现薄抹灰或免抹灰工艺

【原因分析】

装配式内隔墙同一片区域墙体做法未统一，常常出现预制条板墙和传统砌筑墙体混合设计的现象。装配式建筑内隔墙要求采用工厂预制工艺，常采用ALC、陶粒混凝土条板等技术工厂化生产，成型精度高、观感效果好，可实现薄抹灰或者免抹灰；但传统的木模剪力墙、砌体墙等技术成型精度较差，需按传统厚度抹灰。当同一面墙采用两种及以上不同成型精度的墙体技术时，需按成型精度差的技术进行抹灰，无法实现现场资源的节约。两种以上不同成型精度的墙体混用导致不能实现免抹灰。

【防治措施】

同一面墙体采用成型精度一致的技术做法，内隔墙采用工厂预制，非预制部分采用高精度模板施工工艺(如铝模)(图5-39)。

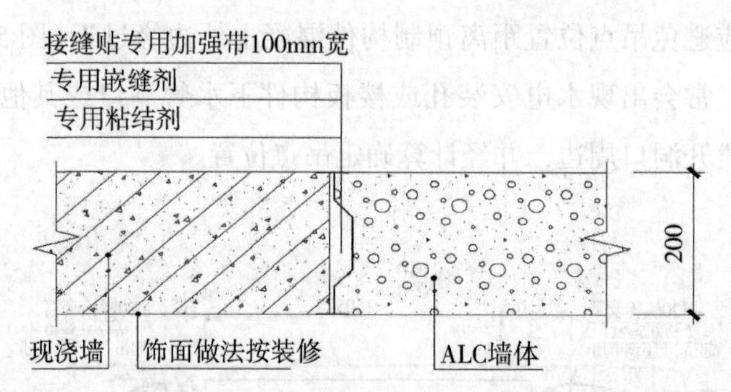

说明：此做法ALC墙体与现浇墙体均按免抹灰要求实施，拼接墙体同厚，现浇墙体需采用高精度模板(如铝模)成型达到免抹灰要求。

图5-39　ALC与现浇墙体水平连接大样

5.2.16　当柱两侧预制梁顶标高不同时，柱顶标高未按较低梁底标高考虑

【原因分析】

装配式建筑设计不同于传统设计，当梁顶降标高时，预制柱顶标高未考虑预制梁较低梁的底标高连接问题，造成梁底筋伸入预制柱存在无法安装的现象(图5-40)。

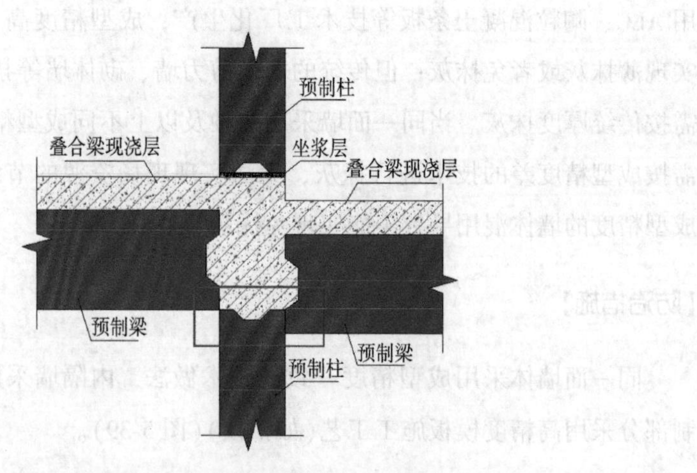

图5-40　叠合梁底标高与预制柱顶标高错位

【防治措施】

(1)深化设计时梁图、平面图中的标高都需要仔细核对;

(2)校审时进行柱周边梁、板降(或升)标高处的重点排查;

(3)建立 BIM 模型进行钢筋碰撞检查(图 5-41)。

图 5-41 叠合梁底标高与预制柱顶标高对齐

5.3 结构设计计算问题

5.3.1 设计时未对构件接缝进行受剪承载力验算

【原因分析】

进行装配式结构整体计算时,未验算接缝的受剪承载力,结构存在安全隐患。未按规范要求对预制梁、竖向预制构件验算接缝的承载力。

【防治措施】

按照规范要求验算接缝的承载力。

《装规》第 6.5.1 条规定:“装配整体式结构中,接缝的正截面承载力应符合现行国家标准《混标》的规定。接缝的受剪承载力应符合下列规定:

(1)持久设计状况：

$$\gamma_0 V_{jd} \leqslant V_u$$

(2)地震设计状况：

$$V_{jdE} \leqslant V_{uE}/\gamma_{rE}$$

在梁、柱端部箍筋加密区及剪力墙底部加强部位，尚应符合下式要求：

$$\eta_j V_{mua} \leqslant V_{uE}$$

式中：γ_0——结构重要性系数，安全等级为一级时不应小于1.1，安全等级为二级时不应小于1.0；

V_{jd}——持久设计状况下接缝剪力设计值；

V_{jdE}——地震设计状况下接缝剪力设计值；

V_u——持久设计状况下梁端、柱端剪力墙底部接缝受剪承载力设计值；

V_{uE}——地震设计状况下梁端、柱端剪力墙底部接缝受剪承载力设计值；

V_{mua}——被连接构件端部按实配钢筋面积计算的斜截面受剪承载力设计值；

η_j——接缝受剪承载力增大系数，抗震等级为一、二级取1.2，抗震等级为三、四级取1.1。"

5.3.2　抗侧力预制构件未在计算模型中定义，未复核预制构件连接处的纵筋

【原因分析】

装配式结构设计概念不清晰，结构计算时未考虑装配式建筑预制构件特点，采用装配式结构的相关系数调整计算，未考虑装配式结构装配率计算、预制构件与现浇部位连接接缝计算、无支撑叠合构件两阶段验算以及夹心保温板连接计算。

【防治措施】

装配整体式混凝土结构中的接缝主要是指预制构件之间的接缝、预制

构件与现浇混凝土之间的结合面以及预制构件与后浇混凝土之间的结合面。在装配整体式混凝土结构中，接缝是影响结构受力性能的关键部位。对于装配整体式混凝土结构的控制区域，应保证接缝的承载力设计值大于被连接构件的承载力设计值乘以接缝受剪承载力增大系数，接缝受剪承载力增大系数根据抗震等级、连接区域的重要性以及连接类型，依据相关规定确定。同时，也要求接缝的承载力设计值应大于设计内力，确保接缝的安全。当框架梁抗剪不足时，所增加的抗剪钢筋应设置在中和轴附近，不得影响梁的受弯性能。

5.3.3　结构计算时未考虑短暂工况下验算

【原因分析】

在装配式混凝土结构计算的短暂工况验算参数中，未考虑吊装动力系数、脱模动力系数和脱模吸附力，导致计算遗漏短暂工况荷载。

【防治措施】

《混凝土结构工程施工规范》(GB 50666—2011)第9.2.2条规定："预制构件在脱模、吊运、运输、安装等环节的施工验算，应将构件自重标准值乘以脱模吸附系数或动力系数作为等效荷载标准值，并应符合下列规定：

(1)脱模吸附系数宜取1.5，也可根据构件和模具表面状况适当增减；复杂情况，脱模吸附系数宜根据试验确定；

(2)构件吊运、运输时，动力系数宜取1.5；构件翻转及安装过程中就位、临时固定时，动力系数可取1.2。当有可靠经验时，动力系数可根据实际受力情况和安全要求适当增减。"施工规范中，预制构件施工验算采用等效荷载进行，等效荷载标准值由预制构件的自重乘脱模吸附系数或动力系数确定。

《装规》第6.2.3条规定："预制构件进行脱模验算时，等效静力荷载标准值应取构件自重标准值乘以动力系数后与脱模吸附力之和，且不宜小于构件自重标准值的1.5倍。动力系数与脱模吸附力应符合下列规定：

(1)动力系数不宜小于1.2；

(2)脱模吸附力应根据构件和模具的实际状况取用，且不宜小于1.5kN/m²。”相对于施工规范中引入脱模吸附系数来考虑吸附力，《装规》第6.2.3条规定中的吸附力给出了脱模吸附力的值，一般不小于1.5kN/m²(图5-42)。

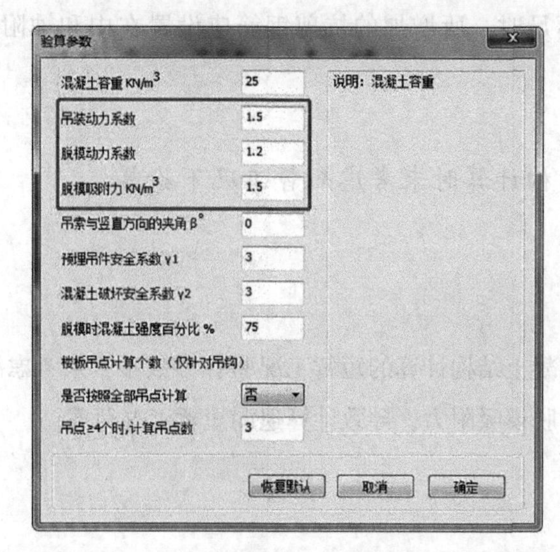

图5-42　装配式构件计算时考虑吊装动力系数、脱模动力系数、脱模吸附力

5.3.4　主次梁连接节点设计时，不区分连接形式，导致计算不正确

【原因分析】

主次梁连接节点不区分设计使用条件，随意选取连接节点，如当次梁抗扭时，不得采用牛担板方式连接。

【防治措施】

主次梁连接节点设计应根据具体受力情况，选择合理的连接形式。

(1)在考虑生产、运输、施工的便利性的同时，注意连接节点构造的要求。

(2)对于整浇式预制主-次梁连接，形成类似“刚接”的形式，更加接近于现浇混凝土结构的做法，连接整体性较好，但增加了主梁面外受扭作用。主次梁连接处，需要设置相应键槽(图 5-43)。

(3)对于搁置式预制主-次梁连接则往往不连接下部次梁钢筋，形成了“铰接”节点。需要考虑对应计算要求，当次梁抗扭时不得使用牛担板方式连接(图 5-44)。

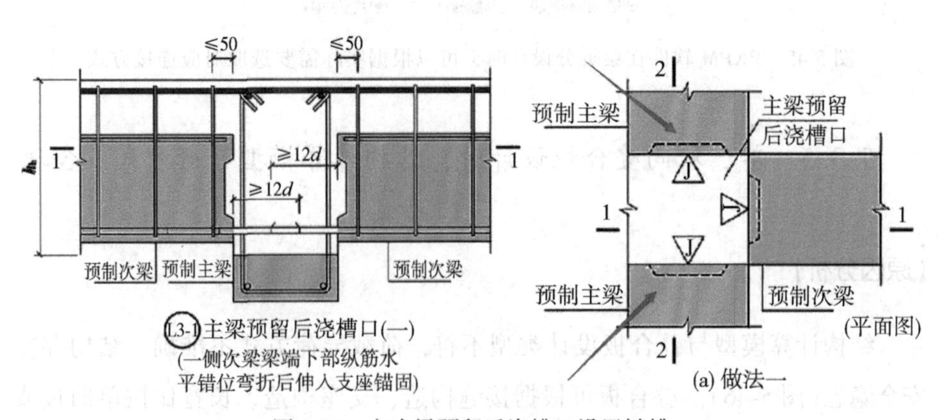

图 5-43　主次梁预留后浇槽口设置键槽

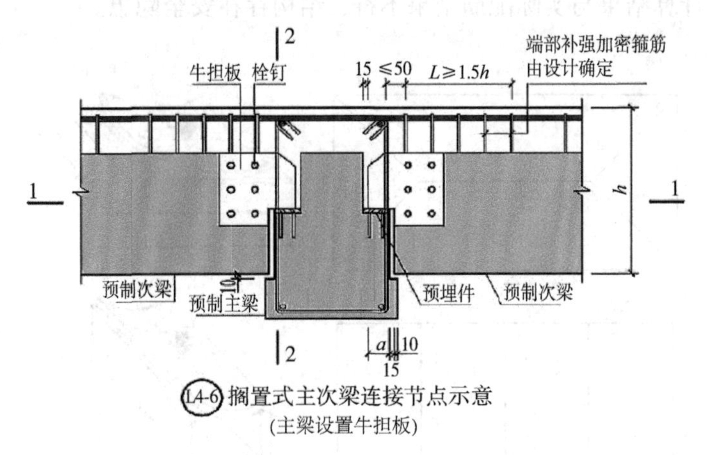

图 5-44　搁置式预制主-次梁连接主梁设置牛担板

(4)在梁拆分参数中，可在“主次梁搭接形式”处，选取对应连接方式进行设计(图5-45)。

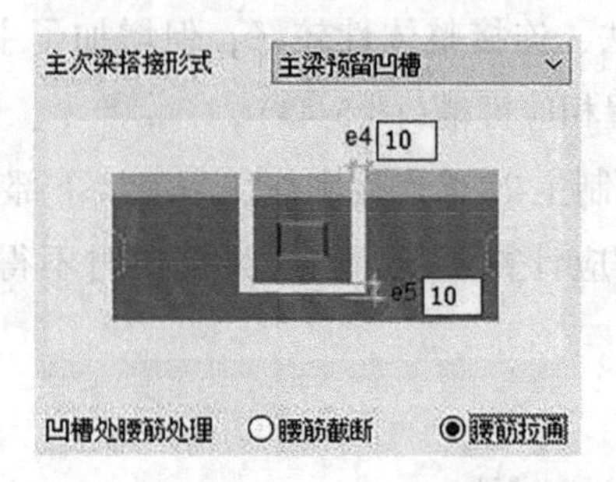

图5-45　PKPM软件在梁拆分设计时，可以根据实际需要选取对应连接方式

5.3.5　单、双向叠合板设计时，结构计算模型导荷方式不合理

【原因分析】

结构计算模型与叠合板设计类型不符，荷载导荷方式不准确，结构存在安全隐患(图5-46)。叠合板可根据接缝构造、支座构造、长宽比按单向板或双向板设计。在设计叠合板时，结构计算模型未按照单、双向板调整导荷方式，导致计算结果与实际配筋结果不符，结构存在安全隐患。

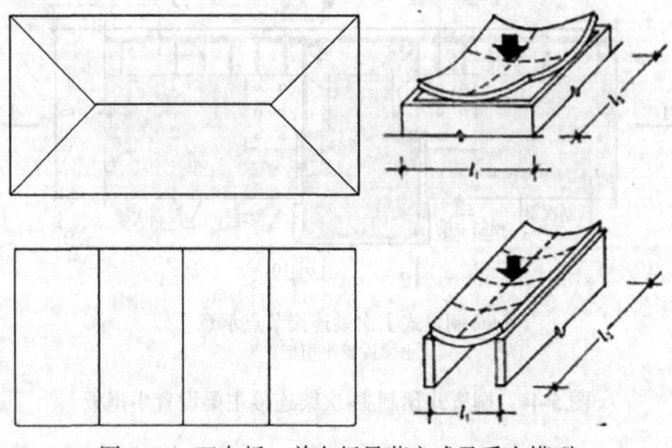

图5-46　双向板、单向板导荷方式及受力模型

【防治措施】

(1)叠合板深化设计时应明确叠合板类型；

(2)应逐一核对每块板的结构计算模型，确保导荷方式与实际受力情况相符；

(3)对配筋进行包络设计。

5.4 其他设计问题

5.4.1 预制阳台预留立管弯头无法安装

【原因分析】

图纸深化设计时未考虑预埋地漏与立管实际安装尺寸，二者尺寸过近(图5-47)，导致现场安装时地漏弯头无法安装，需要重新钻孔进行二次处理，费工费时，影响质量。

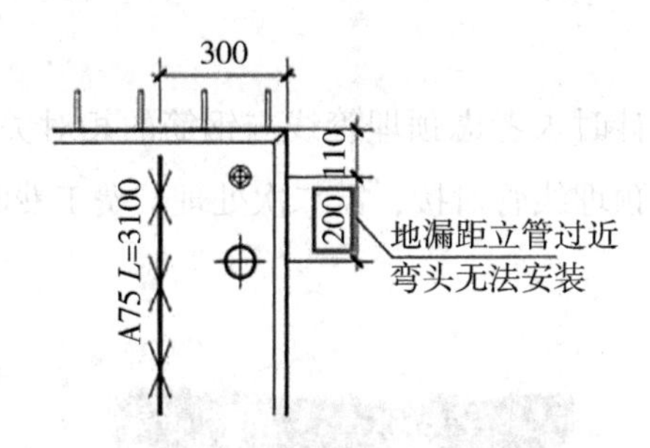

图5-47 地漏与立管间隔太近，弯管无法安装

【防治措施】

《装标》第7.1.3条及7.1.4条规定："装配式混凝土建筑的设备与管线应合理选型，准确定位……装配式混凝土建筑的设备与管线设计应与建筑设计

同步进行，预留预埋应满足结构专业相关要求，不得在安装完成后的预制构件上剔凿沟槽、打孔开洞等。”预留孔洞设计时应充分考虑给排水、电气、暖通等专业预留预埋，并满足其施工安装要求(图5-48)，避免返工处理。水暖电设计人员在进行施工图设计时，应根据给排水、电气、暖通等专业的管道、设备构造尺寸及安装间距要求进行设计，预留充足的安装空间，充分满足施工安装要求，保证施工顺利完成。

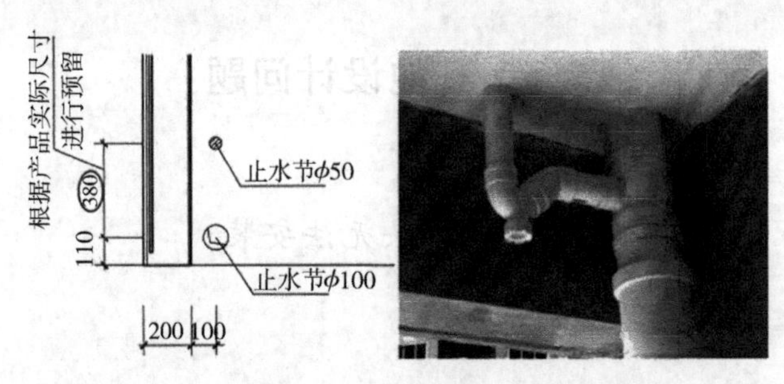

图5-48 地漏与立管间隔满足弯管安装要求

5.4.2 预制构件内预埋管线与钢筋冲突

【原因分析】

预制构件深化设计时未考虑预埋管线与钢筋的相对关系(图5-49)，底部线管无法与预制构件预埋线管对接，需二次处理，费工费时，影响质量。

图5-49 预埋管线与钢筋“打架”

【防治措施】

《装标》第 8. 1. 4 条规定："装配式混凝土建筑的内装部品与室内管线应与预制构件的深化设计紧密配合，预留接口位置应准确到位。"预制构件深化设计时应考虑预埋管线与钢筋的相对关系，如应用 BIM 技术对管线进行碰撞检测，提前避免管线冲突；调整预制构件预埋管线的走向(图 5-50、图 5-51)。

图 5-50　预埋管线合理

图 5-51　预埋管线与钢筋调整合理

5. 4. 3　预制构件上预埋线管口、注浆孔被异物堵塞

【原因分析】

预制构件生产时未及时进行预埋件成品保护，造成异物进入埋件后造成堵塞(图 5-52)；预制构件模具漏浆，浆料堵塞预留孔；预埋件孔洞被堵塞，清理困难，影响现场安装或导致预制构件报废。

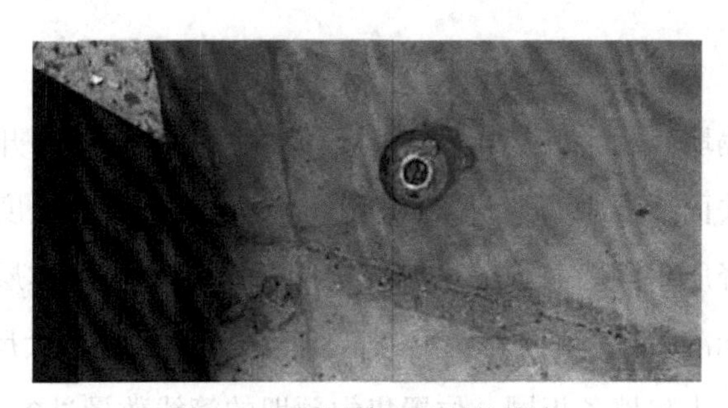

图 5-52　预埋管口被异物堵塞

【防治措施】

在设计预制构件时应标明预留套管材质、外径及壁厚，同时注明防堵保护措施，预制构件生产时应及时对预埋孔洞进行临时封堵，如采用 PE 棒进行封堵保护(图 5-53)；套筒灌浆口、出浆口使用与套筒配套的 PVC 管或波纹管连接；全灌浆套筒钢筋固定端使用与套筒配套的专用胶塞；混凝土浇筑前，应严格检查预埋孔洞固定措施、连接措施、封堵措施是否到位。

图 5-53　预埋管口采用PE棒进行封堵保护

5.4.4　配电箱、配线箱等大尺寸线盒嵌入安装在轻质内隔墙条板内

【原因分析】

在轻质内隔墙条板上安装配电箱、开关面板等线盒时，开槽尺寸过大或同一部位的开关面板集中布置过多，对预制内隔墙条板的强度及安全性造成影响，易导致轻质内隔墙条板的结构安全问题(图 5-54)。单层条板隔墙横向开槽长度超过标准板宽度的 1/2；配电箱、智能化配线箱等大尺寸线盒安装在内隔墙条板内；内隔墙条板同一位置集中预埋的管线数量过多。

图 5-54 配电箱安装在预制条板墙上

【防治措施】

(1)减少开关面板在同一墙板的布置数量。当墙板两侧均预埋线管时，其水平安装间距不小于150mm。

(2)电气设备箱(配电箱、智能化配线箱)不宜安装在预制构件上，应尽量设置在现浇或砌筑墙体上。

(3)住户室内强弱电配电箱宜暗埋在户内内隔墙体的现浇段，家居配电箱底边距地不低于1.6m，信息箱底边距地不低于0.5m；当管线与吊顶内管线连接时，应在连接处对应墙面预埋出相应的穿线套管，预埋套管伸出墙面的长度不小于60mm。

5.4.5 叠合板内管线排布不合理

【原因分析】

机电管线设计排布不合理，产生多层交叉或交叉、线盒位置靠桁架钢筋过近，导致管线无法安装或外露，进一步导致现浇层加厚，增加成本(图5-55)。

(1)机电设计未考虑钢筋桁架的位置，导致线盒与桁架钢筋冲突，管线交叉点靠桁架钢筋过近；

(2)机电设计管线排布不合理，导致多层管线交叉；

(3)叠合板现浇层设计厚度不足。

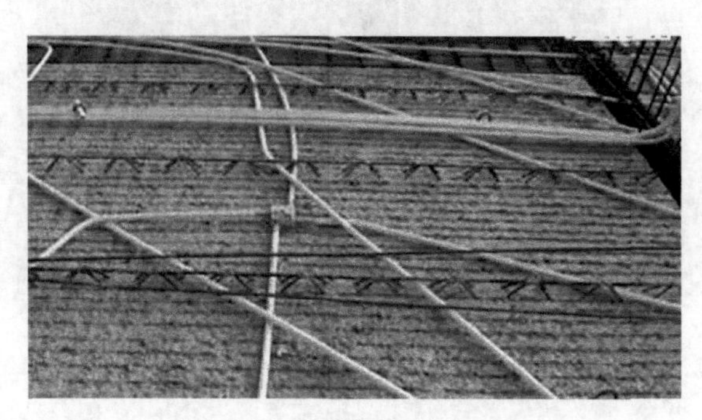

图5-55　叠合板内管线交叉

【防治措施】

(1)在设计叠合板现浇层时预留出足够厚度，建议不宜小于70mm。

(2)深化机电管线排布图，合理安排布线路径，尽量减少管线交叉，并避免多层管线交叉(图5-56)。

(3)做好机电管线预留预埋和隐蔽验收。

(4)机电管线较多的强弱电箱以及公共区域管井引出线部位，可采取：①协调设计单位加大板厚或采用现浇楼板；②设置吊顶，采用电缆桥架布线，住户电表箱到家居配电箱的线路走道内穿管(或桥架内敷设)，公区吊顶内明装，入户时穿管沿户内吊顶敷设，入户处墙体预留强弱电线路孔洞。

图5-56　优化管线排布单向排布、交叉管线置于叠合板间拼缝现浇部位内

5.4.6　梁柱节点处吊装效率慢，钢筋碰撞，工序不合理，经常造成返工

【原因分析】

梁柱节点处由于钢筋密集且空间有限，柱主筋、柱箍筋、四个方向梁钢筋伸入节点，造成钢筋碰撞、钢筋层次复杂，吊装顺序不合理、工序配合不合理造成施工混乱、效率低下，影响结构施工工期。

【防治措施】

(1)设计时建立该处节点设计 BIM 三维模型，当发现钢筋碰撞问题时要调整钢筋布置，如四个方向梁主筋碰撞以及梁主筋与柱主筋碰撞。

(2)施工时建立该处节点施工 BIM 三维模型，检查钢筋碰撞问题，合理安排工序，合理进行工序穿插及配合，合理进行分层，按合理工序演示该处吊装顺序，提高施工效率，减少工期浪费。

(3)按分层流程图吊装叠合梁，按照 BIM 演示建立梁柱节点和主次梁节点分层流程图，按流程图顺序进行叠合梁吊装和柱箍筋绑扎。

5.4.7　应用于门洞两侧的 ALC 条板，其强度无法满足设计要求

【原因分析】

ALC 轻质条板的强度通常为 A5.0，其强度无法满足门窗固定的要求，同时也无法像传统砌体一样组砌混凝土块或实心砖，会导致门窗固定不牢固，存在开裂脱落的风险。

(1)ALC 条板强度不足；

(2)轻质条板材料不能抵抗门窗长期开关造成的扰动。

【防治措施】

(1)门窗洞口设置卡槽、边框或者构造柱；

(2)门窗洞口采用强度为 A7.5 的条板(图 5-57)。

图 5-57　门洞两侧采用 A7.5 条板

第 6 章　装配式混凝土结构质量工程验收

装配式混凝土建筑质量工程验收是装配式建筑整个项目流程中比较重要的阶段，装配式混凝土建筑的施工验收是确保建筑质量和安全性的重要环节。在验收阶段，装配式建筑设计人员应特别注意基础验收、结构验收和材料验收等方面的内容，确保整体质量符合设计要求和相关规范要求。

6.1　装配式混凝土结构工程质量验收基本规定

6.1.1　装配式混凝土结构工程质量验收的依据

本指南主要依据国家验收标准及湖北省地方规定：

(1)《建筑工程施工质量验收统一标准》(GB 50300—2013)；

(2)《混凝土结构工程施工质量验收规范》(GB 50204—2015)；

(3)《装配式混凝土结构技术规程》(JGJ 1—2014)；

(4)《装配式混凝土建筑技术标准》(GB/T 51231—2016)；

(5)《装配式混凝土结构套筒灌浆质量检测技术规程》(T/CECS 683—2020)；

(6)《装配式混凝土结构工程施工与质量验收规程》(DB42/T 1225—2016)；

(7)《装配整体式叠合剪力墙结构施工及质量验收规程》(DB42/T 1729—2021)；

(8)《装配整体式叠合混凝土结构施工及质量验收规程》(T/CECS 1180—2022)；

(9)《建筑装饰装修工程质量验收标准》(GB 50210—2018);

(10)《装配式住宅建筑检测技术标准》(JGJ/T 485—2019);

(11)《武汉市装配式混凝土结构质量验收指南(试行)》(武汉市城乡建设局2024年3月);

等等。

6.1.2　装配式混凝土结构工程质量验收的基本规定

(1)装配式结构应按混凝土结构子分部工程进行验收；当结构中部分采用现浇混凝土结构时，装配式结构部分可作为混凝土结构子分部工程的分项工程进行验收，同时宜将预制构件及其连接作为主体结构分部工程的一个独立子分部工程，强调了预制构件及其连接、现场实体检测等环节在验收环节中的重要性。

(2)装配式混凝土建筑的装饰装修、机电安装等分部工程应按国家现行有关标准进行质量验收。

(3)装配式混凝土结构工程施工用的原材料、部品、构配件均应按检验批进行进场验收。

(4)预制构件的进场质量验收应符合现行国家标准《混凝土结构工程施工质量验收规范》(GB 50204)的有关规定。

(5)装配式结构焊接、螺栓等连接用材料的进场验收应符合现行国家标准《钢结构工程施工质量验收标准》(GB 50205)的有关规定。

(6)装配式结构的外观质量除设计有专门的规定外，尚应符合现行国家标准《混凝土结构工程施工质量验收规范》(GB 50204)中关于现浇混凝土结构的有关规定。装配式建筑的饰面质量应符合设计要求，并应符合现行国家标准《建筑装饰装修工程质量验收标准》(GB 50210)的有关规定。

(7)装配式结构连接节点及叠合构件浇筑混凝土之前，应进行隐蔽工程验收，验收内容及要求需符合《混凝土结构工程施工质量验收规范》(GB 50204)相关规定。

(8)应对预埋于现浇混凝土内的灌浆套筒连接接头、浆锚搭接连接接头的预留钢筋的位置进行控制，并采用可靠的固定措施对预留连接钢筋的外露长度进行控制。应对与预制构件连接的定位钢筋、连接钢筋、桁架钢筋及预埋件等安装位置进行控制。

(9)叠合构件的现浇层混凝土同条件养护试件抗压强度符合《混凝土结构工程施工规范》(GB 50666)相关规定后，方可拆除下一层支撑。

(10)混凝土运输、浇筑及间歇的累计时间不应超过混凝土的初凝时间。同一施工段的混凝土应连续浇筑，并应在底层混凝土初凝之前将上一层混凝土浇筑完毕。

(11)工厂生产的装配式建筑结构标准部件或部品、建筑集成部品等应按工程项目形成生产技术资料。生产技术资料应注明原材料的品种、规格、级别、检验报告编号。原材料进场验收记录、隐蔽验收记录及对应影像资料、质量证明文件、检验报告生产企业存档保留备查。

(12)工厂生产的装配式建筑结构标准部件或部品、建筑集成部品等出厂应附出厂质量合格证明文件及性能检验报告。

(13)装配式建筑结构标准部件或部品、建筑集成部品进场时，应对规格、型号、外观质量、预埋件、预留孔洞、出厂日期等进行检查，并对构件的几何尺寸、材料强度、钢筋配置等进行现场抽样检测。

(14)装配式混凝土结构工程施工前，宜选择有代表性的单元进行预制构件试安装，并应根据试安装结果及时调整施工工艺、完善施工方案。

(15)建设单位应组织装配式混凝土结构工程参建各方(包括设计单位、预制构件生产单位、施工总承包单位和监理单位)在首个施工段预制构件安装完成和后浇混凝土部位隐蔽工程完成后进行首段验收。

(16)装配式混凝土结构工程采用新技术或新材料，应按有关规定进行论证，并应制定专门的施工方案，施工方案经监理单位核准后方可实施。

6.1.3 装配式混凝土结构工程主要验收节点

1. 深化设计验收

装配式混凝土结构施工前，应完成深化设计，深化设计文件应经设计单位认可。施工单位应校核预制构件加工图纸，对预制构件施工预留和预埋进行交底。

深化设计验收主要是对装配率、预制构件加工、预制构件节点构造大样、叠合板构造大样、预制楼梯构造大样、预制内墙板构造节点大样、整体厨卫或带装饰面板的部位的大样和安装等深化设计问题复核确认是否满足设计要求。

深化设计图纸应经原设计单位审核同意，深化设计内容应由原设计单位专业负责人审核并签字，并由原设计院盖公章或者技术审核章进行确认。

2. 预制构件进场验收

预制构件进场验收包括首批构件验收和各批次构件的出厂质量证明文件以及由建设单位委托第三方检测机构进行构件性能抽检检验。

(1)实行首批构件联合验收制度：每类首件预制构件浇筑或安装前，建设单位应组织设计、监理、施工、生产单位等参建各方对构件模具、钢筋、尺寸、混凝土性能、安装合宜性等进行验收，如发现有不符合要求的应及时调整后续批次构件的生产指标。

(2)预制构件进场验收需要查看该批次构件的原材料检验报告(含氯离子含量)、混凝土标养试块检验报告、外观质量和尺寸、预埋件和预留钢筋孔洞位置尺寸等。

(3)预制构件进场需要对混凝土强度、受力钢筋保护层厚度、间距尺寸进行无损法抽样现场检测，对有设计要求的预埋件抗拔、抗剪性能进行检测。

(4)专业企业生产的预制构件进场时，预制构件结构性能检验应符合下列规定：

①梁板类简支受弯预制构件进场时应进行结构性能检验，并应符合下列规定：

• 结构性能检验应符合国家现行有关标准的规定及设计的要求，检验要求和试验方法应符合《混凝土结构工程施工质量验收规范》(GB 50204)附录B的规定；

• 钢筋混凝土构件和允许出现裂缝的预应力混凝土构件应进行承载力、

挠度和裂缝宽度检验，不允许出现裂缝的预应力混凝土构件应进行承载力、挠度和抗裂检验；

• 对大型构件及有可靠应用经验的构件，可只进行裂缝宽度、抗裂和挠度检验；

• 对使用数量较少的构件，当能提供可靠依据时，可不进行结构性能检验。

②对其他预制构件，除设计有专门要求外，进场时可不做结构性能检验。

③对进场不做结构性能检验的预制构件，应采取下列措施：

• 施工单位或监理单位应驻厂监督生产过程；

• 当无驻厂监督时，预制构件进场时应对其主要受力钢筋数量、规格、间距、保护层厚度及混凝土强度进行实体检验。

(5)装配式混凝土结构工程施工用的原材料、部品、构配件均应按检验批进场验收。

(6)进入现场的预制构件应具有出厂合格证及相关质量证明文件，产品质量应符合设计及相关技术标准要求。

(7)应完成相关的检验批质量验收记录，包括《质量证明文件及标识检验批质量验收记录》《构件性能检验批质量验收记录表》《外观质量检验批质量验收记录表》《预埋件、预留孔洞、预留钢筋检验批质量验收记录表》《尺寸偏差检验批质量验收记录表》。

3. 预制构件连接隐蔽验收

预制构件连接隐蔽验收包括构件连接用的各类原材料、现浇混凝土、灌浆料、砂浆(起连接传力作用的)、钢材的性能检验。

(1)连接部位的现浇混凝土、接缝坐浆、灌浆料应做立方体试件的抗压强度检测；钢筋套筒灌浆连接、机械连接、焊接连接、螺栓连接的力学性能应做平行试件检测。

(2)装配式混凝土结构连接节点及叠合构件在浇筑混凝土前，应进行隐蔽工程验收。隐蔽工程验收应包括下列主要内容：

①混凝土粗糙面的质量，键槽的尺寸、数量、位置；

②钢筋的牌号、规格、数量、位置、间距，箍筋弯钩的弯折角度及平直段长度；

③钢筋的连接方式、接头位置、接头数量、接头面积百分率、搭接长度、锚固方式及锚固长度；

④预埋件、预留管线的规格、数量、位置；

⑤预制混凝土构件接缝处防水、防火等构造做法；

⑥保温及其节点施工；

⑦其他隐蔽项目。

(3)应完成相关的检验批质量验收记录，包括《隐蔽工程验收记录》《分项工程质量验收记录》等。

(4)现场实体试验。

现场实体试验主要包括预制阳台结构荷载试验、隔墙冲击试验、预制外墙淋水试验、防雷装置测试等。

6.1.4　装配式混凝土结构工程验收主要资料

装配式混凝土建筑工程施工质量验收时应提供下列文件记录：

(1)工程设计文件、预制构件和部品的制作及安装的深化设计图纸；

(2)预制构件、部品等主要材料及配件的质量证明文件、进场验收记录、抽样复验报告；

(3)预制构件和部品的安装施工记录；

(4)钢筋套筒灌浆型式检验报告、工艺检验报告和施工检验记录，浆锚搭接连接的施工检验记录等各类检验、试验报告；

(5)后浇混凝土部位的隐蔽工程检查验收文件；

(6)后浇混凝土、灌浆料、坐浆材料强度检测报告；

(7)外墙防水施工质量检验记录；

(8)与装配式施工工艺相关的分部、分项工程质量验收文件；

(9)装配式工程的重大质量问题的处理方案和验收记录；

(10)装配式工程的监理单位驻(预制)厂监理记录。

6.1.5　装配式结构淋水试验办法

(1)按常规质量验收要求对外墙面、屋面、女儿墙进行淋水试验。

(2)喷嘴离接缝的距离为300mm。

(3)重点对准纵向、横向接缝以及窗框进行淋水试验。

(4)从最低水平接缝开始，然后是竖向接缝，接着是上面的水平接缝。

(5)注意事项：仔细检查预制构件的内部，如发现漏点，做出记号，找出原因，进行修补。

(6)喷水时间：每1.5m接缝喷5分钟。

(7)喷嘴进口处的水压：210~240kPa(预制面垂直，慢慢沿接缝移动喷嘴)。

(8)喷淋试验结束以后观察墙体的内侧是否出现渗漏现象，如无渗漏现象出现即可认为墙面防水施工验收合格。

(9)淋水过程中在墙的内外进行观察，做好记录。

6.2　装配式混凝土结构分部分项工程质量验收要点

(1)装配式分部分项质量验收应包括预制构件质量验收、预制构件连接质量验收、实体试验验收、部品安装质量验收。

(2)装配式混凝土建筑主体结构分部工程中的预制构件及其连接宜划分为一个独立的子分部工程进行质量验收，部分使用预制构件的建筑工程可将预制构件划分为分项工程进行质量验收。

(3)装配式混凝土结构性能检验项目主要包含装配式结构主体检验和装配式结构连接性能检验。装配式结构主体检验的内容包括预制构件结构性能检验和装配式结构连接性能检验两部分；装配式结构连接性能检验的内容一般包括连接节点部位的后浇混凝土强度、钢筋套筒连接灌注浆体强度、构件接缝部位灌注浆体强度、钢筋保护层厚度以及工程合同约定的项目；必要时可做结构原位加载检验。

(4)预制构件及其连接子分部工程宜划分为预制构件分项工程和预制构件连接分项工程等。各分项工程应按便于质量控制的原则划分检验批，可根据生产和施工流程、工序，按预制构件的不同设计要求及预制构件的不同连接方式划分检验批，对于大型工程，还应结合进场批次、楼层、结构缝或施工段划分检验批。检验批的划分应符合下列规定：

- 不同厂家生产的预制构件应划分为不同检验批；
- 不同类型的预制构件应划分为不同检验批；
- 不同连接方式应划分为不同检验批。

(5)混凝土叠合构件中现浇混凝土的质量控制应按现行国家标准《混凝土结构工程施工质量验收规范》(GB 50204)中关于现浇结构工程的规定执行。

(6)装配式混凝土建筑工程施工质量验收时，应符合现行国家标准《建筑工程施工质量验收统一标准》(GB 50300)的规定。

(7)检验批的质量验收应包括实物检查和资料检查，并应符合下列规定：

- 主控项目的质量检验结果应全部合格；
- 一般项目的质量经抽样检验应合格，当采用计数抽样检验时，除本规范各章有专门规定外，其合格(点)率不应小于80%，且不得有严重缺陷。

(8)检验批、分项工程和子分部工程的质量验收记录可按附录的格式进行记录。

(9)建筑工程质量验收程序和验收要求应执行现行国家标准《建筑工程施工质量验收统一标准》(GB 50300)的规定。

(10)当装配式混凝土建筑工程施工质量不符合要求时，应按下列规定进行处理：

- 经返工、返修或更换部品的检验批，应重新进行验收；
- 经有资质的单位检测检验达到设计要求的检验批，应予以验收；
- 经有资质的单位检测检验达不到设计要求，但经原设计单位核算认可能够满足结构安全和使用功能的检验批，可予以验收；
- 经返修或加固处理能够满足结构安全使用要求的分部、分项工程，可根据技术处理方案和协商文件进行验收。

附录　JM 灌浆套筒及配套产品清单

选择	序号	图　　片	名称及编号	描　　述	备　　注
□	1		GT+钢筋直径、GT+钢筋直径+L 或 GT+钢筋直径+H（GT28、GT20L、GT25H）	JM 灌浆套筒类型（GT-半灌浆 GTL-竖向全灌浆 GTH-水平全灌浆）	GT/GTL 系列套筒在预制构件厂使用；GTH 系列套筒在施工现场使用
□	2		高强灌浆料 CGMJM-VI(6) CGMJM-VIII(8)	JM 高强无收缩灌浆料（28 天强度： VI 型≥85MPa VIII 型≥100MPa）	20kg/包 由灌浆施工方采购
□	3		手持变速搅拌器	手动变速搅拌器（0.8～1.4kW、220V、0～800rpm）	灌浆施工方采购
□	4		搅拌桶	浆料搅拌桶	
□	5		量杯	2.4L 及以上	

续表

选择	序号	图　片	名称及编号	描　述	备　注
□	6		圆截锥试模	上口径 $\Phi70$，下口径 $\Phi100$，高度 60	由承包方采购，用于灌浆料的性能测试
□	7		抗压强度试模	3 联 40×40×160	
□	8		手动灌浆枪 电动灌浆泵	用于多个套筒灌浆 用于单个套筒灌浆或补浆	灌浆施工方采购
□	9		固定组件 胶塞 灌浆管	固定套筒 封堵进出浆孔 PVC 管 (内径>18.2mm)	除胶塞外均由构件生产厂家采购
□	10		钢筋剥肋滚压直螺纹加工设备	用与灌浆套筒连接的钢筋进行直螺纹加工	由预制构件工厂采购

参考文献

[1]中华人民共和国住房和城乡建设部. JGJ 1—2014 装配式混凝土结构技术规程[S]. 北京：中国建筑工业出版社，2014.

[2]中华人民共和国住房和城乡建设部. GB/T 51232—2016 装配式混凝土建筑技术标准[S]. 北京：中国建筑工业出版社，2017.

[3]上海市建设工程安全质量监督总站，等．装配式混凝土建筑常见质量问题防治手册[M]. 北京：中国建筑工业出版社，2020：1-30.

[4]合肥市城乡建设局．合肥市装配式建筑应用技术系列手册(01 混凝土设计篇)[EB/OL]. [2020-04-14]. http://cxjsj. hefei. gov. cn/ztzl/jzcyh/17753395.html.

[5]中建科技有限公司，等．装配式混凝土建筑设计[M]. 北京：中国建筑工业出版社，2017：1-85.

[6]中国建筑标准设计研究院．装配式建筑系列应用实施指南(2016)(装配式混凝土结构建筑)[M]. 北京：中国计划出版社，2016：20-157.

[7]深圳市建设科技促进中心．装配式建筑常见问题防治指南[M]. 上海：同济大学出版社，2020：1-125.

[8]徐其功，等．装配式混凝土结构设计[M]. 北京：中国建筑工业出版社，2017：1-99.

[9]田玉香．装配式混凝土建筑结构设计及施工图审查要点解析[M]. 北京：中国建筑工业出版社，2018：1-178.

[10]中国建筑标准设计研究院有限公司．装配式混凝土建筑技术体系发展指南(居住建筑)[M]. 北京：中国建筑工业出版社，2019：1-39.